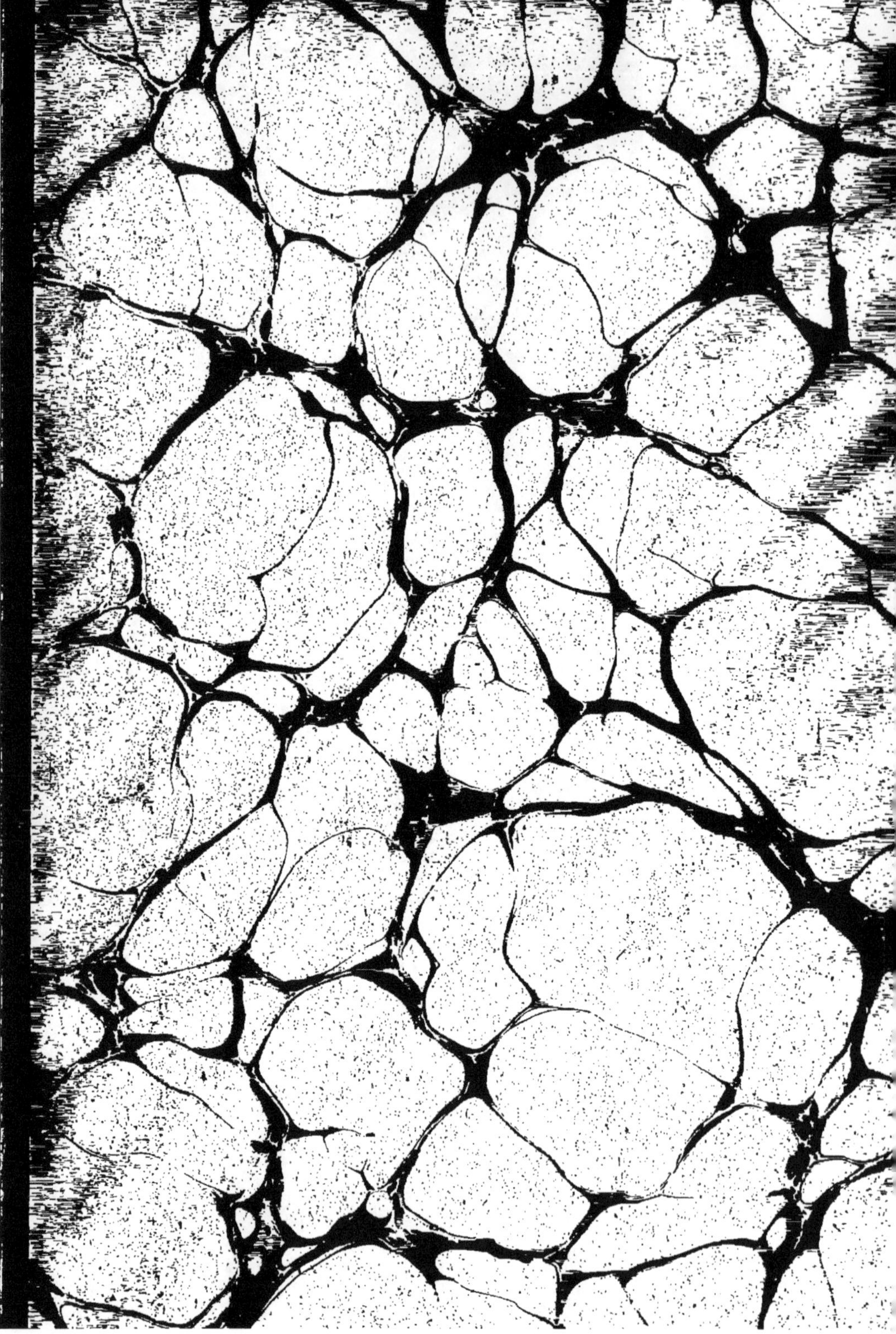

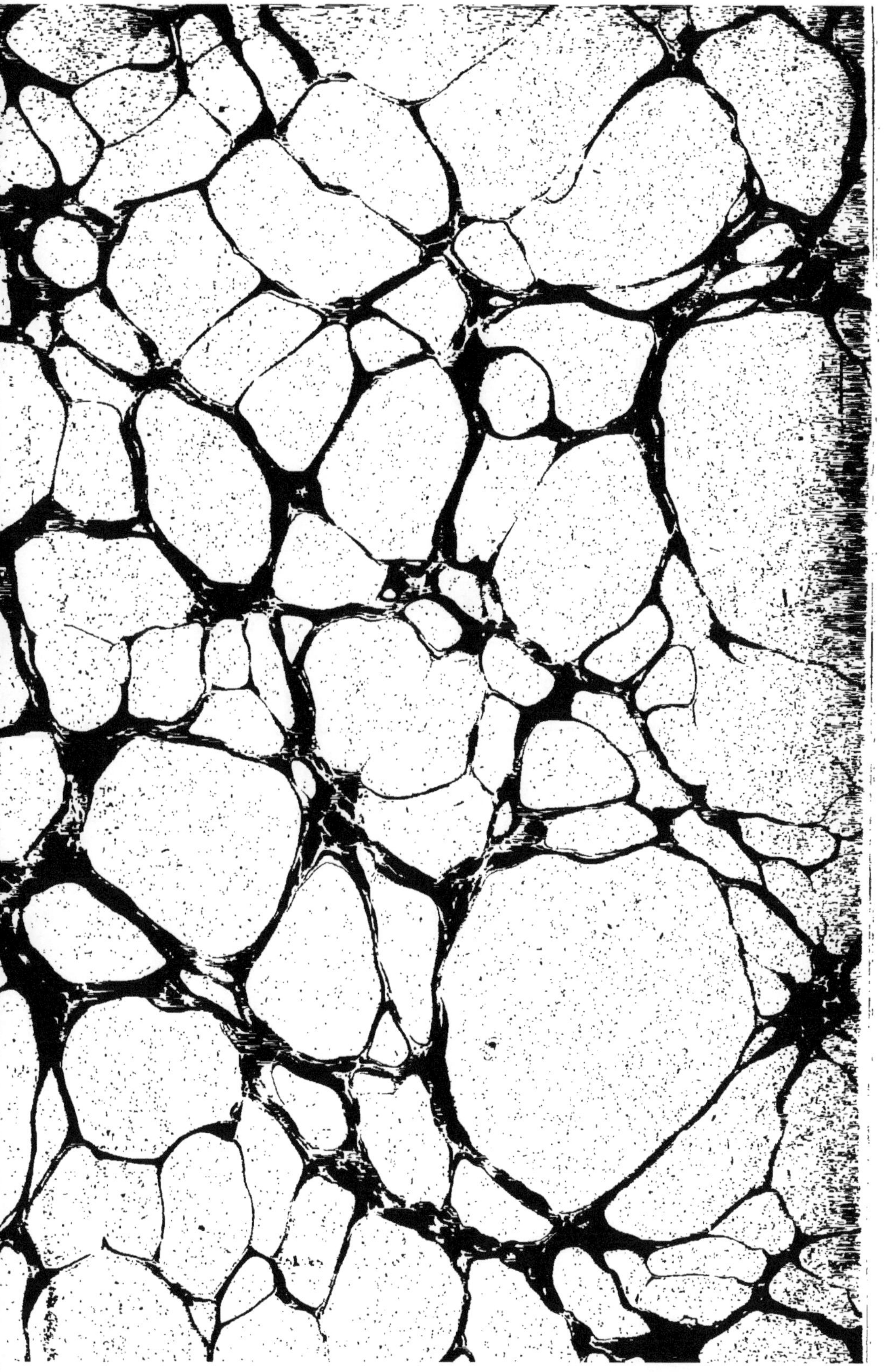

LA VIE

ET

L'ÉNERGIE CHEZ L'ANIMAL

LA VIE

ET

L'ÉNERGIE CHEZ L'ANIMAL

INTRODUCTION A L'ÉTUDE
DES SOURCES ET DES TRANFORMATIONS DE LA FORCE
MISE EN ŒUVRE
DANS LE TRAVAIL PHYSIOLOGIQUE

PAR

A. CHAUVEAU

Membre de l'Institut.

PARIS

ASSELIN ET HOUZEAU, ÉDITEURS

PLACE DE L'ÉCOLE-DE-MÉDECINE

1894

LA VIE

ET

L'ÉNERGIE CHEZ L'ANIMAL

INTRODUCTION A L'ÉTUDE DES SOURCES ET DES TRANSFORMATIONS DE LA FORCE MISE EN ŒUVRE DANS LE TRAVAIL PHYSIOLOGIQUE.

Dans les sciences expérimentales, les vues générales sont du plus grand secours pour l'inspiration et l'exécution de recherches nouvelles. La signification et l'importance des résultats que donnent ces investigations dépendent beaucoup de la direction qui leur a été imprimée, c'est-à-dire de l'idée instigatrice d'après laquelle les plans d'études sont établis à l'avance. Il en est un que je me suis tracé pour l'objet de mes prochains cours (1). Ils seront consa-

(1) Le sujet en question devait être traité cette année même. Mais on a dû renoncer à ce sujet, parce que l'outillage nécessaire aux études et aux démonstrations est resté inachevé. Il a paru utile pourtant de faire connaître le but et le programme du cours projeté, en publiant les notes préparées en vue des leçons d'exposition générale.

crés à la recherche et à l'exposition des lois générales relatives aux transformations énergétiques qui se passent dans les milieux animaux. Or j'ai cru devoir envisager ces transformations comme les actes préliminaires ou les conséquences du *travail physiologique*. Toute l'énergétique biologique est ainsi rapportée à la création de ce travail. Voilà mon idée directrice. Je tiens d'autant plus à la développer que la notion du travail physiologique, telle que je l'ai conçue (1), a quelque peine à se faire accepter, du moins avec l'ampleur qu'il convient de lui donner.

Dans l'exposition des vues qui doivent, à mon estime, être appliquées à l'étude de l'énergétique, je ne ferai pas d'histoire. J'utiliserai, sans m'y arrêter, les conquêtes dont s'est enrichie successivement cette partie de la science physiologique, y compris mes propres contributions. C'est en exposant les questions et les faits particuliers, d'après la présente vue d'ensemble, que l'historien, doublé du critique, retrouvera ses droits et ses devoirs.

PREMIÈRE PARTIE

PRINCIPES DIRECTEURS POUR L'ÉTUDE DE L'ÉNERGIE MISE EN ŒUVRE DANS LE TRAVAIL PHYSIOLOGIQUE

I. — La conception énergétique du travail physiologique.

La matière dont est formé l'animal vivant et la force ou l'énergie qui y est inhérente sont en état d'incessantes transformations. C'est justement dans

(1) Voir : *Du Travail physiologique et de son équivalence*, in *Revue Scientifique*, 1888.

Voir aussi et surtout : *Le Travail musculaire et l'Énergie qu'il représente*, 1891. Paris, Asselin et Houzeau.

ces métamorphoses énergétiques continuelles que réside le principe même de la vie. Les phénomènes élémentaires dont ces tissus sont le siège — autrement dit le *travail physiologique* qui résulte de la mise en action de leurs propriétés organiques — représentent une certaine quantité d'énergie actuelle ou de forces vives moléculaires, issue d'une quantité équivalente d'énergie potentielle accumulée dans les principes immédiats de l'organisme. En s'oxydant, se dédoublant, s'hydratant, ces matières dégagent l'énergie qui s'y était emmagasinée, et cette énergie devenue active est employée alors à la production de ces phénomènes élémentaires qui constituent le travail physiologique.

Au point de vue de la physique générale, la vie n'est donc pas autre chose qu'une série non interrompue de mouvements intimes représentant une somme, variable suivant les cas, mais toujours nettement déterminée d'énergie.

Le travail physiologique, à la production duquel cette énergie est consacrée et qui en est comme une forme transitoire, diffère singulièrement dans les organes divers qui l'exécutent. Il est certain que la cellule et le tube nerveux, le faisceau musculaire, les cellules des glandes, etc., ne travaillent pas physiologiquement de la même manière, ni avec la même activité. Mais il est non moins certain que, quand ces éléments travaillent, c'est en utilisant une quantité d'énergie en rapport avec la nature du travail et proportionelle, d'une part à l'intensité, d'autre part à la durée de ce travail. Ce point, qui est d'importance capitale, domine la physiologie générale tout entière.

Si le mécanisme intime du travail physiologique

nous est le plus souvent inconnu, si la diversité de ce mécanisme nous interdit de chercher à établir aucune comparaison directe entre les divers tissus, au point de vue de l'équivalence du travail qu'ils exécutent, au moins pouvons-nous en déterminer la valeur énergétique, en mesurant la quantité de chaleur résiduelle qu'il laisse après lui. Cette quantité de chaleur, quand le fonctionnement des organes ne s'accompagne d'aucune production de travail mécanique (travail extérieur), représente toujours exactement la quantité d'énergie actuelle mise en jeu dans l'accomplissement du travail physiologique. En d'autres termes, celui-ci a pour mesure énergétique la chaleur sensible, en laquelle se résolvent nécessairement les forces vives moléculaires qui ont été employées au fonctionnement organique.

Cette transformation en chaleur est *nécessaire*, parce que le travail physiologique s'évanouit aussitôt qu'il vient d'être accompli. *En lui-même*, il ne peut donc être jamais l'occasion d'un *gain* d'énergie. C'est toujours une *dépense* de matière et de force qu'il entraîne, partant une création et une dispersion de chaleur sensible. Dans le jeu des fonctions auxquelles il concourt, le travail physiologique peut sans doute participer à la manifestation de phénomènes de synthèse chimique, absorbant de la chaleur, emmagasinant ainsi de l'énergie; mais il ne se confond jamais avec ces phénomènes, comme on l'expliquera plus loin.

La calorimétrie bien appliquée et bien interprétée (il y faut, comme on voit, certaines conditions dont nous aurons à nous occuper) peut donc renseigner très exactement sur la somme d'énergie qu'exige, chez l'animal, l'exécution de l'ensemble du travail physiologique, c'est-à-dire les phénomènes essentiels dont dépend l'entretien de la vie. On conçoit même qu'à la mesure de la valeur énergétique de l'ensemble du travail physiologique, on puisse ajouter celle du travail individuel des différentes catégories d'organes. Par exemple, nous possédons déjà des documents expérimentaux établissant que la détermination calorimétrique de la valeur du travail musculaire, comparée à celle du travail nerveux, n'est pas au-dessus des ressources de la physique biologique.

Il est impossible de prévoir actuellement le degré de précision qui est réservé à l'évaluation de la valeur énergétique de chaque espèce de travail physiologique. Mais il n'est guère douteux qu'on n'arrive un jour à écarter les grandes difficultés qui environnent les expériences destinées à fournir les éléments de cette évaluation. En attendant, il faudra se contenter de la détermination de la chaleur totale mise en liberté par les transformations énergétiques liées à l'exercice de l'ensemble du travail physiologique. Et ce ne sera pas là une mince acquisition, quand on en sera tout à fait maître. L'importance en est, au contraire, considérable, car les lois et les principes de l'énergétique, en biologie, sont tous attachés au calcul de l'énergie totale mise au service de l'économie animale, pour l'exécution de l'ensemble des actes physiologiques qui constituent la vie.

Voilà le concept général auquel nous nous attacherons dans nos études sur l'utilisation de l'énergie par l'économie animale. Ce concept ne sort pas autant qu'il en a l'air, à première vue, du courant des idées communes : il serait même possible d'en trouver les premiers linéaments dans l'œuvre de Lavoisier. Serrons maintenant de plus près cet exposé de principes.

II. — Les phases des transformations de l'énergie consacrée à l'exécution du travail physiologique. Place et signification de l'apparition de la chaleur sensible.

Dans l'exposition précédente on a suffisamment laissé entendre que la chaleur, expression énergétique du travail physiologique, n'est qu'un résidu de ce travail ou plutôt une transformation ultime de l'énergie qu'il représente. Les considérations à l'appui de cette proposition ont été déjà exposées, même plusieurs fois (1). On n'y reviendra pas. Il est bon cependant, pour le but que nous nous proposons, de rappeler brièvement ce qui distingue cette manière de présenter la thermogénèse, chez l'animal vivant.

On connaît la conception théorique qui était presque généralement adoptée par les mécaniciens et les physiologistes, sur le rôle de la chaleur et la place qu'elle occupe dans la série des métamorphoses de l'énergie au sein du milieu vivant. En somme, la production de la chaleur était envisagée comme une fonction primordiale de l'animal : avec les réactions chimiques dont ses tissus sont le siège, il fait de la chaleur pour ne pas se refroidir, purement et simplement; ou bien, c'est pour transformer cette chaleur en travail mécanique. Dans ce dernier cas, la quantité de chaleur créée est le plus souvent hors de toute proportion avec la valeur du travail mécanique produit; on est obligé alors d'admettre qu'à l'instar de ce qui se passe dans les machines à feu, la production du travail mécanique, loin d'être économique, entraîne un véritable gaspillage de forces vives.

Mais il est évident que les transformations de l'é-

(1) Voir les mémoire et ouvrage déjà cités.

nergie mise en jeu dans les actes de l'animal vivant peuvent se comprendre d'une manière autrement logique et raisonnable, si on la considère, cette énergie, comme étant employée *tout entière* à la production du travail physiologique, si, de plus, on fait dériver directement ce travail de la force vive créée par le travail chimique initial. Il n'est pas nécessaire, en effet, que ce travail chimique fasse d'abord de la chaleur, qui serait ensuite transformée en travail physiologique. En admettant la dérivation directe, la succession des métamorphoses énergétiques se présente de la manière suivante :

1° Travail chimique transformant l'énergie potentielle, immobilisée dans les principes immédiats de l'organisme, en énergie actuelle.

2° Création immédiate du travail physiologique proprement dit par l'énergie ainsi mise en mouvement.

3° Réversion non moins immédiate du travail physiologique en chaleur sensible (avec ou sans travail mécanique), qui est dispersée par le rayonnement et la vaporisation de l'eau à la surface de la peau et des vésicules pulmonaires.

Ce mode évolutif de l'énergie mise en mouvement pour l'entretien de la vie par la création du travail physiologique n'est pas seulement plus simple et plus logique; il s'accorde avec les faits beaucoup mieux que le mode généralement accepté. Pourquoi, en effet, a-t-on voulu interposer une création de chaleur sensible entre le travail physiologique et le travail chimique initial, transformateur de l'énergie potentielle en énergie actuelle? Par analogie pure et simple avec ce qui se passe dans le cas de travail mécanique dû à la détente des gaz et des vapeurs.

Chauffés en vase clos, ces fluides acquièrent une tension proportionnelle à la température. Quand ils se détendent dans un corps de pompe, ils en soulèvent le piston, en perdant de leur chaleur une quantité équivalente au travail mécanique déterminé par la détente. Et ce même travail mécanique, accompli en sens inverse par une force quelconque, redonne à la masse fluide, avec sa tension et son volume primitifs, la chaleur qui avait été absorbée par les molécules gazeuses au moment de la dilatation de cette masse. On est ici en plein dans le domaine de la thermodynamique type : la transformation de la chaleur en travail et celle du travail en chaleur se montrent, dans ce cas, avec toute évidence. Mais il y a longtemps qu'on a fait observer que les éléments actifs de l'organisme animal, même ceux qui sont préposés à la production du travail mécanique, ne présentent pas les conditions qui permettraient de les assimiler nettement à des machines à feu. Joule y voyait plutôt des machines électro-dynamiques. La vérité est que les organes élémentaires de l'animal sont des *transformateurs spéciaux* de l'énergie, probablement très dissemblables entre eux. D'après d'Arsonval, le muscle serait une sorte de moteur électro-capillaire : qui oserait étendre cette assimilation au nerf, à la cellule glandulaire, etc?

L'obscurité régnera sans doute longtemps sur le mécanisme de ces divers transformateurs de l'énergie dans l'organisme vivant. Mais ce que l'on sait bien, c'est qu'aucun d'eux n'est capable de changer la chaleur sensible en travail physiologique, autrement dit, d'emprunter à un foyer extérieur l'énergie nécessaire à la mise en œuvre des propriétés organiques qui les caractérisent physiologiquement. On ne trouve cette aptitude ni dans les cellules nerveuses, qui sont les instruments des phénomènes de perception sensitive et d'activité motrice; ni dans les nerfs par lesquels s'opère la conduction des diverses excitations centripètes et centrifuges; ni dans les faisceaux de substance contractile qui exécutent le travail musculaire; ni dans les cellules des glandes chargées des diverses sécrétions; ni enfin dans les tissus de toutes sortes, siège des actes communs de résorption et de synthèse plastiques. Si le travail physiologique de ces éléments prend une grande suractivité, la quantité de chaleur sensible qu'il libère devient plus considérable. Alors la dispersion calorique n'est pas aussi rapide que la production, et les organes s'échauffent notablement. En serait-il ainsi si la chaleur sensible qui les pénètre pouvait être réutilisée par eux pour servir à la création de leur travail? C'est parce que cette réutilisation est impossible que ces organes, quand ils continuent à travailler d'une manière exubérante, s'échauffent de plus en plus. Il arrive même qu'ils atteignent des températures incompatibles avec la conservation de leur aptitude à travailler. Voilà du moins ce que l'on constate dans les muscles de la vie animale, chez les sujets qu'on soumet au surmenage. Les symptômes et les lésions qu'ils présentent dénotent tout aussi bien l'influence néfaste de l'échauffement exagéré, que celle de la toxicité des résidus nutritifs, dont l'élimination est devenue insuffisante. C'est qu'en effet la chaleur, en ce cas, est elle-même un *excretum*, un agent résiduel, le terme ultime de la série des transformations énergétiques dont s'accompagne le travail physiologique dans le milieu animal.

L'économie des animaux est donc incapable d'utiliser directement, au profit du travail physiologique, la chaleur sensible que celui-ci restitue au monde extérieur. Pour devenir apte à cet usage, il faudrait, qu'au lieu de se dissiper dans l'espace, l'énergie représentée par la chaleur excrétée s'emmagasinât à nouveau dans un des principes immédiats qu'élaborent les plantes, avec les excreta matériels des animaux. Elle deviendrait ainsi énergie potentielle. Alors, si le principe qui l'a fixée faisait partie d'une ration alimentaire, il s'incorporerait au milieu animal qui en referait du travail physiologique. Ce serait une autre série des mêmes opérations qui aurait recommencé, entraînant l'énergie toujours dans le même sens. Jamais, en effet, le cycle de ces opérations n'est reversible, et il comporte nécessairement le passage successif de l'énergie par un organisme animal et par un organisme végétal. On ne saurait arguer, du reste, de ce défaut de reversibilité contre notre prétention d'assimiler le travail physiologique à une *forme spéciale* d'énergie, car la reversibilité n'est pas un caractère nécessaire des cycles énergétiques; d'autre part, les *transformateurs spéciaux* de l'énergie que constituent les tissus organisés peuvent être supposés agir par un mécanisme tout à fait *spécial*.

III. — Rattachement de la calorification-fonction aux transformations de l'énergie consacrée à l'exécution du travail physiologique.

Notre manière de voir relativement à l'origine de la chaleur animale amène à envisager la calorification sous un nouveau point de vue, celui qui a été esquissé dans nos études antérieures sur le travail physiologique.

Certes la calorification constitue bien une des grandes et des plus importantes fonctions de l'organisme, au moins chez les animaux à sang chaud ou à température constante. Mais la calorification n'existe pas en tant que fonction absolument indépendante. Elle est toujours liée à l'exercice du travail physiologique des éléments figurés de l'organisme. Ce qui vient d'être dit plus haut tend déjà à le prouver : la calorification dépasse facilement la mesure chez les animaux soumis à des exercices violents et prolongés. Comment s'expliquer ce fait, si la thermogénèse est une fonction primordiale? L'organisme serait donc en possession d'une aptitude physiologique dont l'exercice régulier lui serait nuisible! On ne peut vraiment s'attacher à une conclusion aussi singulièrement paradoxale. L'explication du phénomène est autrement plausible, si l'on admet que l'équilibre entre la production et l'émission de la chaleur sensible se trouve alors rompu, parce que le travail musculaire engendre plus de chaleur résiduelle que l'animal n'en peut perdre par le rayonnement et la vaporisation superficielle.

Il semble plus difficile d'expliquer, en les rattachant à l'exercice du travail physiologique de l'organisme, les actes de la calorification qui empêchent l'abaissement de la température du corps soumis au repos et exposé aux froids rigoureux de l'hiver. La régulation circulatoire intervient sans doute, en diminuant le rayonnement par le mécanisme que l'on sait, c'est-à-dire en ralentissant l'afflux du sang dans les parties superficielles du corps et en empêchant la surface de la peau de se réchauffer aux dépens des parties profondes. Mais la régulation circulatoire n'est pas seule à intervenir. Il s'y ajoute, au moins en certains cas, une surproduction de chaleur. Quelle en est la source? On invoque alors une combustion de matières grasses ou d'hydrates de carbone, ayant pour but de fournir *directement* la chaleur nécessaire au maintien de la température. Mais cette combustion spéciale n'est certainement pas nécessaire. Il suffit d'invoquer un accroissement du travail physiologique, cause habituelle de la production de la chaleur dans les milieux vivants. Jamais, en effet, les organes ne sont à l'état de repos physiologique complet. Tout au moins leur travail commun, celui qui préside au renouvellement de la matière de leurs tissus, ne cesse-t-il un instant de s'effectuer plus ou moins activement. Il en est de même du travail des glandes qui, à l'instar du foie, sont étroitement liées à cette rénovation organique, c'est-à-dire à l'exercice de la *nutrilité* générale. Et puis le système musculaire lui-même, ce vaste laboratoire d'énergie calorique, est soumis à de grandes variations, dans la tonicité qu'il présente à l'état de repos; et ces variations comportent aussi de grandes différences dans l'échauffement déterminé par la mise en jeu de cette tonicité.

En somme, le système nerveux, qui, nécessairement, intervient toujours le premier dans les actes de régulation de la calorification, ne *commande* jamais aux organes une production *directe* de chaleur, en quantité plus ou moins grande. Il influe sur le travail physiologique, qu'il fait varier suivant les besoins. D'où variation consécutive dans l'intensité de la thermogénèse.

Telle est l'idée systématique que l'on peut se faire de la calorification, d'après les connaissances acquises sur les relations du travail physiologique avec les transformations de l'énergie dans l'économie animale. C'est une idée qui ne pouvait se produire du temps de Lavoisier, du moins avec les caractères de netteté qu'on est autorisé à y voir aujourd'hui. Toutefois il est assez surprenant qu'on s'en soit plutôt éloigné qu'approché depuis les premiers travaux du créateur de la chimie biologique. A l'heure actuelle, il y a toujours des physiologistes qui croient à l'indépendance de la calorification, à une création directe de chaleur par des combustions que ne sollicite pas la création d'un travail physiologique quelconque. On va plus loin même, car, lorsqu'on s'occupe de thermogénèse, c'est le plus souvent avec la pensée que la calorification, ou l'entretien de la chaleur animale, est le but essentiel de cet acte de première importance. Il en est parlé comme s'il avait sa raison d'être exclusivement en lui-même. Encore une fois, ce n'est pas pour produire de la chaleur que s'ouvre la série des transformations énergétiques chez l'animal vivant; c'est pour provoquer les manifestations du travail physiologique dans tous les organes, c'est-à-dire pour entretenir le principe même de la vie. Ce point ne doit jamais être perdu de vue dans les études sur la thermogénèse. Les faire servir à la détermination pure et simple de la calorification considérée en elle-même, c'est prendre la partie pour le tout, l'accessoire pour le principal; c'est s'attacher à un simple épisode de l'histoire si importante de la création du travail physiologique par les organes en état de fonctionnement.

IV. — Coup d'œil général sur le chimisme d'où procède le travail physiologique et sur les mesures énergétiques qu'on en peut tirer.

Les considérations exposées dans le paragraphe précédent achèvent de mettre au point notre manière d'envisager les transformations énergétiques, rapportées dans tous les cas sans exception à la création du travail physiologique. On voit bien maintenant en quoi ce concept général de l'énergie mise en œuvre par les êtres vivants diffère des idées courantes relatives au même objet. C'est en elles-mêmes et pour elles-mêmes que sont étudiées généralement les transformations de l'énergie dans les milieux organiques. La forme spécifique que prend fugitivement l'énergie dans ces milieux (travail physiologique) est ainsi laissée en dehors des préoccupations dont le chimisme animal et végétal est l'objet. On sait pourtant que son rôle et son utilité se rapportent à la manifestation des propriétés spécifiques des tissus vivants. Mais on se borne à le signaler vaguement. A peine s'y arrête-t-on quand ce rôle comprend, dans ses attributions, une production de travail mécanique : travail extérieur qui ne présente qu'une bien faible partie de l'intérêt attaché au travail intérieur (travail physiologique) d'où le premier dérive.

Justement c'est ce cas particulier, celui du travail musculaire, qui permet le mieux de se rendre compte des relations étroites existant entre le travail physiologique et les manifestations énergétiques communes qui l'accompagnent. On sait — au moins en gros — en quoi consiste le travail musculaire : il y a création d'élasticité dans le muscle contracté, par un mécanisme intime qui a grande chance d'être celui que d'Arsonval a indiqué. On sait aussi que l'élasticité créée est proportionelle, d'une part au degré de raccourcissement du muscle, d'autre part à la résistance que les charges opposent à ce raccourcissement. Or l'échauffement musculaire concomitant, échauffement au moyen duquel on peut apprécier, avec une approximation suffisante l'activité relative des transformations énergétiques, est également proportionnel au raccourcissement du muscle et à la charge qu'il supporte. D'après cet exemple particulier, l'un des cas très rares où le secret des relations entre le travail physiologique et le chimisme d'où il procède se laisse plus ou moins pénétrer, on juge de l'intérêt qu'il peut y avoir à comprendre le travail physiologique dans la série des phases métaboliques par où passent la matière et la force évoluant dans les milieux vivants.

Ces milieux, en effet, ne doivent pas être considérés comme de simples creusets, où l'œil et l'esprit de l'expérimentateur n'ont qu'à suivre, soit les absorptions ou les dégagements de chaleur, soit les combinaisons nouvelles, qui traduisent les transformations de l'énergie. Le but spécial de ces transformations énergétiques dans les milieux vivants s'impose à l'attention d'une manière toute particulière.

Sans doute le travail physiologique n'est qu'une phase nécessairement éphémère et transitoire du métabolisme énergétique ; sans doute, quand il n'en est rien détourné par le travail extérieur, l'énergie, employée à la mise en activité des propriétés spécifiques des tissus élémentaires, a toujours sa représentation exacte dans la chaleur résiduelle que tout travail interne laisse après lui ; sans doute, enfin, la détermination de cette chaleur résiduelle doit être le principal but visé par le physiologiste, qui veut se renseigner sur la valeur de l'énergie que la vie met en mouvement. Mais on s'expose à rencontrer des incertitudes troublantes et même de graves erreurs, si toutes les opérations du chimisme animal sont rapportées en bloc à la mise en œuvre des activités propres de la matière vivante. Il y a des distinctions à faire pour arriver à une évaluation juste de l'énergie adéquate au travail physiologique. Comment y réussir, si la notion de ce travail n'est pas toujours présente et toujours active ?

L'étude analytique générale que nous entreprenons dans notre seconde partie, sur les conditions nécessaires aux déterminations typiques que réclame en tout premier lieu l'énergétique biologique, montrera bien le parti que nous entendons tirer de cette notion du travail physiologique. En attendant, nous pouvons faire comme tout le monde : supposer que le milieu vivant est un creuset où s'effectuent des réactions chimiques incessantes, créant incessamment de la force vive, et nous demander comment on peut apprécier la valeur de cette force vive. Nous n'indiquerons à propos de ce sujet bien connu que les points dont la discussion présente quelque utilité pour l'exposition de nos vues générales.

Deux principes, comportant l'application de trois méthodes, peuvent être exploités dans le but de déterminer la valeur énergétique du chimisme animal : l'un consiste à envisager la chaleur produite ou détruite dans les réactions chimiques, sans se préoccuper de leur nature ; avec l'autre, ce sont ces dernières que l'on envisage, sans se préoccuper de la mesure directe de la chaleur sensible qu'elles dégagent ou absorbent ; l'exploitation simultanée des deux principes, avec les comparaisons qui en résultent tout naturellement, constitue une troisième méthode douée de grands avantages.

A. Il ne nous reste aucune considération générale à présenter sur le premier principe et la méthode qui en dépend. Tout a été dit précédemment. Nous nous sommes expliqué dès notre entrée en matière sur les relations qui existent entre l'activité du travail physiologique, l'intensité des processus chimiques qui le déterminent et l'accompagnent, enfin la quantité de chaleur sensible qui se dégage à leur suite. Le propre de ces processus chimiques, c'est, comme on le redira tout à l'heure, d'être tous désintégrants, c'est-à-dire qu'ils ramènent à une composition plus proche des types inorganiques le substratum de l'énergie potentielle. Ils sont donc essentiellement exothermiques. En faisant des déterminations calorimétriques dans les conditions que nous indiquerons plus loin, conditions favorables à l'élimination des autres influences qui, à côté du travail physiologique, peuvent modifier la thermogénèse, on a les meilleures chances d'être renseigné, aussi exactement que la chose est possible, sur la valeur énergétique de ce travail. C'est même le seul moyen que nous ayons de déterminer *directement* cette valeur d'une manière absolue. Avec tout autre procédé, on n'arrive qu'*indirectement* à cette détermination absolue, en ayant recours à des calculs dont les éléments sont loin d'être tous bien connus et bien sûrs. La calorimétrie est donc par excellence le procédé de mesure qu'il faut appliquer à l'énergie consommée par le travail physiologique.

B. On laisse de côté la chaleur produite par le chimisme animal et l'on s'attache exclusivement à ce chimisme lui-même, aux changements matériels qu'il entraîne avec lui : voilà le principe sur lequel repose la deuxième méthode de détermination de l'énergie employée aux actes physiologiques de l'organisme. Cette méthode a été largement exploitée par les physiologistes et les chimistes. Avec toute raison, ils attachent la plus grande importance aux résultats qu'ils en ont tirés, mais il ne faut pas perdre de vue que, dans l'état actuel de nos connaissances sur les processus chimiques qui libèrent la force vive source du travail physiologique, on ne peut guère avoir, avec ces processus, que des mesures relatives. Nous répéterons que la transformation de ces mesures relatives en mesures absolues ne saurait encore être effectuée avec toute la sûreté désirable.

Quoi qu'il en soit, voyons comment la valeur relative de l'énergie actuelle, employée au travail physiologique, peut être déterminée d'après les processus chimiques qui sont la source de cette énergie.

Pour faciliter notre tâche, nous adopterons le fond de l'idée simpliste de Lavoisier sur la nature de ces processus : *le chimisme animal est une combustion, et la chaleur qu'elle produit résulte de l'action de l'oxygène, fourni au sang par la respiration, sur la ou les substances combustibles formant le substratum de l'énergie potentielle qui doit être transformée en énergie actuelle.* Cette conception simple est, du reste, fort probablement sinon sûrement exacte, pour certaines conditions typiques, auxquelles nous avons déjà fait allusion et dont nous nous occuperons plus tard avec détail.

Disons à l'avance que ces conditions typiques se trouvent réalisées chez le sujet qui ne reçoit plus d'aliments.

Chez un tel sujet la valeur de l'énergie consacrée au travail physiologique peut être considérée comme étant proportionnelle :

1° Au substratum potentiel consommé ou brûlé ;

2° A l'oxygène employé pour la combustion ;

3° Aux produits de la combustion.

Donc, en déterminant pondéralement ces trois éléments, on se trouve en possession de trois moyens d'apprécier la valeur relative de l'énergie mise en mouvement par l'ensemble du travail physiologique. Quelques mots sur chacun d'eux.

a. Perte subie par le substratum du potentiel. — Le « *potentiel* » (pour abréger et faciliter l'exposition, nous suivrons l'exemple de ceux qui emploient couramment ce simple mot, à la place des expressions « *substratum du potentiel* » et « *substratum de l'énergie potentielle* »), le potentiel brûlé, disons-nous, pourrait très bien être mesuré par la perte qu'éprouve le poids du corps entier de l'animal. Il faudrait toutefois que l'excrétion de tous les produits de la combustion fût parfaitement assurée. De plus, il serait nécessaire que le remplacement de l'eau excrétée ou évaporée s'exécutât régulièrement. Il n'est pas douteux que, si ces conditions pouvaient être scrupuleusement remplies, la perte de poids du corps ne fût proportionnelle à la chaleur libérée, partant à l'énergie mise en mouvement par le travail physiologique. Si même la nature du potentiel nous était exactement connue, ce serait plus qu'une mesure proportionnelle que nous obtiendrions ainsi; le procédé nous donnerait aussi la valeur absolue de l'énergie consommée.

b. Oxygène absorbé et employé à la combustion du substratum du potentiel. — L'*oxygène* est une des deux substances gazeuses si connues qui font l'objet de ce que l'on appelle les échanges respiratoires. Il est inutile d'insister sur ce sujet tout à fait classique. On sait trop bien que l'oxygène emprunté à l'air inspiré ne peut être que proportionnel à la quantité de subtratum potentiel que la combustion fait disparaître, autrement dit, à l'activité de celle-ci et à l'énergie que le travail physiologique représente.

c. Produits de la combustion. — Les produits de la combustion se trouvent dans l'air expiré et dans les urines. Il y en a aussi dans les sécrétions cutanées et les excreta intestinaux, en quantité très petite mais non négligeable. C'est l'acide carbonique d'un côté, de l'autre l'urée et ses accolytes azotés qu'il faut surtout considérer.

L'acide *carbonique*, l'autre objet des échanges respiratoires, est tout aussi connu que le premier, l'oxygène. Il n'appelle pas davantage d'explications sur sa signification. Tout ce qu'on pourrait dire ici sur ce sujet serait superflu. On sait très bien que la production de ce gaz, due pour la plus grande part à la combustion de principes immédiats ternaires, est nécessairement proportionnelle à l'activité des oxydations, c'est-à-dire à la quantité de substratum potentiel brûlé et à celle de l'oxygène employé à l'opération de la combustion.

L'activité des échanges respiratoires, considérés dans leur ensemble, résulte de la valeur des *coefficients* de l'excrétion de l'acide carbonique et de l'absorption de l'oxygène ; coefficients établis sur l'unité de poids et de temps, généralement le kilogramme et l'heure. L'importance de ces coefficients s'augmente de celle de leur rapport, $\frac{CO^2}{O^2}$, le quotient de Pflüger ou *quotient respiratoire*. On demande souvent à ce dernier des renseignements qu'il ne saurait contenir. Nous nous bornerons à l'utiliser pour établir le bilan complet de l'oxygène absorbé et de celui qui est contenu dans les excreta, dans le but de savoir si une partie de ces derniers n'ont pas une source anaérobienne.

Ce bilan doit comprendre l'*urée* et les autres excreta azotés de l'urine. Leur production dans les conditions que nous considérons, c'est-à-dire chez les sujets qui ne reçoivent aucun apport alimentaire, a une signification un peu particulière. C'est le résultat du travail physiologique très spécial préposé à la fonction pour ainsi dire commune de tous les tissus animaux, celle qui préside au renouvellement incessant de la matière de ces tissus. Nous en reparlerons ailleurs. Toutefois, dès à présent, on doit proclamer que l'activité des oxydations qui sont à la fois le moyen et le but de ce renouvellement se mesure très bien par la quantité des excreta azotés éliminés par les urines. Ces produits tirent leur principal intérêt de ce qu'ils peuvent être considérés comme contenant une partie de l'oxygène absorbé par le poumon, celle qui n'a pas été fixée par le carbone des principes ternaires qui ont subi la combustion.

Il y aurait bien aussi à tenir compte des produits de l'oxydation du soufre et du phosphore qui font partie de la molécule de certains principes azotés de l'organisme. Mais l'introduction de ces produits dans notre discussion actuelle n'ajouterait rien, pour le moment, au parti que nous avons à tirer des principaux témoins de l'oxydation des albuminoïdes.

C. Arrêtons-nous maintenant un très court instant sur la combinaison des deux méthodes auxquelles on demande la valeur énergétique du travail physiologique : d'une part la mesure de la chaleur qu'engendre le chimisme animal ; d'autre part la mesure de ce chimisme même. De cette combinaison résulte une troisième méthode, très féconde parce qu'elle permet de contrôler les uns par les autres les résultats obtenus *dans une seule et même expérience*. Despretz et Dulong, qui ont les premiers appliqué cette méthode, chacun de son côté, n'ont pas été suivis de suite par les expérimentateurs. On est mieux inspiré aujourd'hui, car on ne fait plus guère de calorimétrie sans y joindre au moins la mesure des coefficients respiratoires (oxygène absorbé, acide carbonique exhalé).

Naturellement la calorimétrie joue dans ces expériences le rôle essentiel, puisqu'elle donne des déterminations absolues de la valeur du travail physiologique. Les échanges respiratoires, ainsi que les autres éléments essentiels du chimisme animal ne fournissent que des indications relatives. Pour que ces indications relatives pussent être changées en mesures absolues, il faudrait, répéterons-nous, connaître aussi bien dans sa qualité, ou sa nature, que dans sa quantité, le substratum de l'énergie potentielle changée en chaleur. Est-ce possible ? Nous le verrons bientôt.

En attendant, on se contentera des déterminations énergétiques relatives qu'on peut emprunter à l'étude expérimentale du chimisme physiologique. Cela n'empêchera pas, du reste, de les comparer aux déterminations absolues fournies par la méthode calorimétrique. La théorie ne permet de prévoir aucune discordance entre celles-ci et celles-là, au moins (ceci est important) dans les conditions simples, bien circonscrites, qui ont été indiquées. Si la chaleur se produit à un moment donné en quantité plus considérable, la perte en potentiel, la consommation d'oxygène, etc., doivent suivre l'augmentation de la chaleur et s'accroître proportionnellement à celle-ci. Cela n'arrive pas toujours. La symétrie absolue manque en certains cas. Nous aurons à les expliquer, mais non pas tous : il y en a, en effet, dans lesquels on ne doit voir que le résultat d'un déterminisme imparfait des conditions expérimentales dans lesquelles les discordances sont observées.

Cette esquisse superficielle des moyens de détermination de la valeur absolue ou relative de l'énergie consacrée au travail physiologique présente bien quelques apparences systématiques. Mais ce n'est pas dans le seul but de faciliter notre exposition que nous avons attribué à cette détermination des caractères de grande simplicité, de régularité absolue, de concordance et de symétrie parfaites. Nous sommes convaincus que ces caractères existent en réalité. Seulement, pour les rencontrer à coup sûr, il faut savoir à quelles conditions expérimentales il convient de s'adresser. Celles que nous avons indiquées sont de tout premier ordre. *Il n'y a possibilité de calculer exactement la dépense d'énergie qui est adéquate au travail physiologique que sur les sujets qui ne reçoivent aucun apport alimentaire.* Cette proposition a une importance considérable, mais avant d'en aborder l'examen et la justification, nous avons à compléter les indications qui précèdent, sur le chimisme physiologique. Il nous faut présenter quelques nouvelles remarques d'un caractère très général, particulièrement en ce qui regarde la distinction à établir entre les *phénomènes chimiques* proprement dits et les *phénomènes plastiques* qui se passent dans le milieu animal.

V. — Complément de renseignements généraux sur le chimisme physiologique. Synthèses et dislocations chimiques. Synthèses et dislocations plastiques.

Et d'abord il doit être bien entendu que le chimisme capteur ou libérateur de l'énergie dans les phénomènes intimes de la vie ne saurait, en aucune manière, se soustraire aux lois générales de la mécanique chimique. Ces lois, telles qu'elles ont été formulées par Berthelot, s'appliquent donc dans tous les cas aux réactions qui se passent dans l'intimité de l'organisme. Pour le moment, ce qu'il importe d'en retenir, c'est l'enseignement que nous résumons dans la proposition suivante, un peu forcée avec les apparences de généralité qu'en affecte la formule, mais très exacte au fond dans le cas particulier que nous considérons : si les réactions chimiques du milieu vivant s'exercent dans le sens synthétique, elles *absorbent* de l'énergie, c'est-à-dire de la chaleur; si c'est dans le sens contraire, elles en *dégagent*. On ne manque guère, du reste, de s'attacher à ce fait général, quand on s'occupe des opérations du chimisme intraorganique, au point de vue des lois de l'énergétique considérée dans les êtres organisés.

Mais il faut encore retenir autre chose. Les *synthèses* et les *dislocations chimiques* se rencontrent, côte à côte, dans les actes intimes de la vie, avec les *synthèses* et les *dislocations plastiques*. Il faut se garder de confondre ces deux ordres de phénomènes : ceux qui dépendent du *travail chimique* et ceux qui appartiennent au *travail plastique* proprement dit.

Ces derniers constituent ce que l'on peut appeler l'*histopoièse* et l'*histolyse*, les deux faces opposées du phénomène connu sous le nom plus ou moins bien approprié de *nutrition formative*.

L'*histolyse*, c'est la résorption des tissus, la reprise, par le sang, des matériaux qui les composent, résorption qui peut aller jusqu'à la disparition complète de tel ou tel élément anatomique. C'est encore l'usure et la desquammation des revêtements épithéliaux. L'*histolyse disloque les tissus*, mais non pas les principes immédiats dont ils se composent. Ceux-ci peuvent être résorbés ou éliminés sans avoir subi préalablement aucune *dislocation chimique essentielle*.

L'*histopoièse* est préposée au contraire à l'édification et à la réparation des tissus. Prenons pour exemple le système musculaire d'un jeune sujet. Les faisceaux primitifs augmentent de nombre et de volume : il y a là édification ou complément d'édification d'éléments figurés de l'organisme. Le sang laisse transsuder les substances protéiques de son plasma, et c'est avec ces substances, très voisines de la myosine, que le muscle accroît le nombre ou les dimensions de ses éléments constituants. Ce serait la même chose qui se passerait sur un adulte, qui aurait besoin de réparer son système musculaire, amoindri par le travail de résorption contemporain d'une longue maladie. De même encore la formation des épithéliums nouveaux, toujours aux dépens des albuminoïdes du plasma sanguin, etc. L'*histopoièse* est donc bien un travail de formation, une *synthèse*, mais une *synthèse plastique*, c'est-à-dire un acte qui n'a rien de commun avec la *synthèse chimique*. Celle-ci *prépare* les matières qui doivent servir à l'édification des éléments anatomiques, celle-là *utilise* les dites matières pour cette édification. Du reste, les *synthèses chimiques* se produisent surtout chez les végétaux. Il n'est même pas douteux que, chez les animaux, on n'en observe jamais de véritables; j'entends par là les synthèses qui, avec des corps simples, arrivent à constituer des molécules très complexes. Les *synthèses chimiques*, chez l'animal, ne sont guère qu'une sorte d'avancement hiérarchique, imprimé aux principes quaternaires et ternaires — à ces derniers surtout — qui existent tout formés dans l'économie. C'est ainsi, par exemple, que les hydrates de carbone peuvent se changer en acide gras et glycérine, c'est-à-dire en graisses, dont la chaleur de combustion est supérieure à celle des hydrates de carbone.

Par contre, les *dislocations chimiques* sont extrêmement actives chez les animaux. Les principes ternaires s'y changent facilement en eau et acide carbonique; et l'urée se rencontre, avec d'autres résidus azotés, dans les produits de la dislocation des principes quaternaires. Quel est le mécanisme intime de ces dislocations? Nous n'avons pas hésité tout à l'heure à voir, dans celles qui se rapportent vraiment au travail physiologique, de véritables combustions : la pure théorie de Lavoisier. Mais il y aura beaucoup à discuter et à expérimenter pour établir nettement les caractères de ces combustions intraorganiques, où il semble qu'il y ait parfois défaut de parallélisme entre l'absorption du corps comburant et l'excrétion des produits de la combustion.

En somme, les *synthèses* et les *dislocations* ou *résorptions plastiques*, c'est-à-dire l'*histopoïèse* et l'*histolyse*, sont des phénomènes spéciaux, qu'il faut toujours distinguer des *synthèses* et des *dislocations chimiques*. L'*histopoïèse* et l'*histolyse* constituent du travail physiologique, comme la contraction musculaire, la conduction nerveuse, etc., et sont, à ce titre, des phénomènes consommateurs d'énergie. Il n'y a pas, sous ce rapport, de différence à établir entre l'acte qui agrège les principes immédiats aux éléments anatomiques et celui qui fait cesser l'agrégation, entre le phénomène d'édification et le phénomène de dissolution. Dans l'histopoïèse, il ne saurait y avoir absorption de chaleur, comme le croyait Cl. Bernard, parce qu'il faisait confusion entre deux ordres de phénomènes absolument distincts. Les opérations de synthèse formatrice ne provoquent que des réactions exothermiques, à l'instar de tout autre travail physiologique.

Ces choses devaient être dites. Nous serons maintenant plus à notre aise pour faire notre analyse du mécanisme intime des transformations énergétiques liées au travail physiologique.

VI. — Conditions dans lesquelles doivent se trouver les sujets d'expérience pour la détermination de l'énergie adéquate au travail physiologique. Complication résultant de l'apport alimentaire.

« Il n'y a possibilité de calculer la dépense d'énergie qui est adéquate au travail physiologique que sur les sujets qui ne reçoivent aucun apport alimentaire. » C'est par cette proposition que nous avons terminé notre avant-dernier paragraphe. Or, la fonction digestive, par laquelle s'effectuent les apports alimentaires, joue, comme chacun sait, un rôle d'une importance énorme dans l'énergétique biologique. N'est-ce pas la digestion qui fournit à l'organisme les matériaux nouveaux où il puise le substratum potentiel dont les transformations incessantes, au sein des tissus, sont à la fois la source et la caractéristique de l'activité propre du milieu animal? N'est-ce pas ainsi cette fonction qui assure la continuité de la vie par la continuité de la circulation de la matière et de la force à travers les éléments organisés? Il peut donc sembler étonnant qu'on recommande de choisir, pour une étude quelconque sur cette circulation de la matière et de la force, les sujets chez lesquels la digestion, c'est-à-dire l'apport alimentaire, ne joue plus aucun rôle. Mais quand on pénètre tant soit peu dans l'étude du mécanisme de l'intervention digestive, on reconnaît bien vite que cette intervention n'est pas *nécessaire* de la même manière que certaines autres — celle de la fonction respiratoire par exemple, — à l'accomplissement des transformations énergétiques liées à la production du travail physiologique. La *nécessité* de ce dernier concours est très pressante et pour ainsi dire immédiate : lorsque, en effet, l'oxygène manque à l'animal, tout mouvement énergétique cesse bientôt de se produire ; la suspension de la fonction respiratoire entraîne donc la suspension plus ou moins rapide des transformations de l'énergie dans l'être vivant. Il en va tout autrement avec la fonction digestive. Le concours de l'apport alimentaire n'apparaît que comme une nécessité lointaine qui peut être plus ou moins ajournée. Cet apport est essentiellement intermittent. Ce n'est que pendant l'état de veille qu'il peut avoir lieu, et cependant le mouvement énergétique se continue pendant le sommeil, même très prolongé : ce mouvement ne cesse pas, en effet, s'il s'amoindrit beaucoup, chez les animaux hibernants. Enfin l'espacement des repas, dans l'état de veille, peut varier considérablement sans qu'il en résulte aucune modification essentielle dans l'ensemble du travail physiologique ou dans les transformations concomitantes de l'énergie. Les sujets peuvent même être soumis à l'inanition, et tant que les provisions de potentiel chimique immédiatement utilisable ne sont pas épuisées, on voit se continuer la thermogénèse, l'absorption de l'oxygène, l'excrétion des produits de la combustion organique, en un mot toutes les opérations qui sont liées au chimisme animal, source de l'énergie mise en œuvre dans les actes physiologiques.

Or, si les transformations énergétiques, avec le travail physiologique qui en est la raison d'être, s'exécutent régulièrement en dehors de la digestion et de l'assimilation des aliments, c'est donc que ces deux fonctions ne participent pas *directement* à la création des forces vives d'où dérive l'activité propre du milieu animal. Et alors n'est-il pas naturel de considérer l'état de jeûne comme la condition dans laquelle le métabolisme énergétique se présente avec ses caractères de plus grande simplicité?

Il faut même être encore plus hardi et s'avancer davantage. Dans l'étude des lois fondamentales des transformations de l'énergie chez l'animal vivant, l'apport des aliments ne peut guère se dispenser de jouer le rôle d'une complication accidentelle, capable d'être singulièrement troublante. Les métamorphoses alimentaires, les actes d'assimilation qui se passent chez le sujet en digestion peuvent entraîner, en effet, des manifestations intercurrentes, thermiques et respiratoires, d'un caractère particulier. Nous aurons à le démontrer. Mais on les connaît déjà assez pour savoir qu'elles diffèrent plus ou moins des manifestations mêmes de l'activité des tissus et de l'ensemble du travail physiologique que cette activité provoque. Il en résulte que si l'on détermine les lois qui régissent ces dernières manifestations, d'après les résultats des expériences exécutées en temps de digestion, ces lois sont exposées à être faussées. Tout au moins ce qu'il y a de fondamental en elles risque-t-il d'être plus au moins voilé, par le mouvement énergétique particulier qui accompagne les métamorphoses alimentaires. C'est ce qui ressort clairement, et nous aurons à le démontrer amplement, de toutes les études de statique chimique exécutées sur les sujets en état d'inanition, depuis Boussingault jusqu'à Rübner, etc.

Voilà pourquoi il faut prendre, comme type et point de départ des études qui tendent aux déterminations énergétiques, ce qui se passe chez l'animal soumis au jeûne. C'est précisément l'inverse de ce qui se fait généralement. Les physiologistes et les zootechniciens se sont habitués à considérer comme type, dans l'étude de l'énergétique physiologique, le sujet soumis à la ration d'entretien; c'est-à-dire qu'ils prennent pour point de départ les faits observés sur l'homme ou l'animal au repos et suffisamment alimenté pour conserver le même poids : les pertes en matériaux consommés pour fournir l'énergie employée à l'ensemble du travail physiologique étant exactement compensées par la réparation alimentaire, c'est-à-dire par la reconstitution du substratum de l'énergie potentielle. Le choix de ce dernier type a certainement rendu de grands services dans les études d'application entreprises au point de vue zootechnique. Au point de vue de la physiologie pure et de la recherche des lois générales du métabolisme énergétique dans le milieu vivant, ce choix est et restera toujours défectueux. Aux considérations précédemment exposées pour le démontrer, on en peut ajouter une autre : le type manque d'unité; en effet les résultats qu'il permet de constater varient singulièrement suivant la nature de l'alimentation qui fournit la ration d'entretien. Mais il n'y a nulle nécessité à appuyer davantage sur ce point, qui se marquera tout naturellement et avec toute évidence dans une partie des develôppements ultérieurs de cette étude.

Donc un premier point est acquis : *l'état de jeûne constitue, pour nous, la condition nécessaire pour étudier et mesurer l'énergie mise en œuvre dans l'ensemble du travail physiologique, c'est-à-dire dans l'entretien de la vie.* Mais ce n'est pas assez dire, si l'on veut justifier toute l'importance des études fondamentales ayant pour objet cet état typique. Voici, en effet, une seconde proposition qui s'ajoute à la première : *il n'y a aucune raison de penser que la source de l'énergie, ses modes de transformation, les résultats de cette transformation ne soient pas exactement les mêmes chez l'animal qui est alimenté que chez le sujet qui jeûne.* En d'autres termes, l'alimentation ne modifie pas le mécanisme des transformations énergétiques. Elle se borne à introduire dans le milieu animal les éléments dont il a besoin pour réparer ses pertes incessantes. Quand l'animal digère, absorbe, élabore les substances alimentaires pour en faire ses éléments réparateurs, rien n'est changé aux conditions du travail physiologique général de l'état de jeûne, sinon que ce travail s'accomplit dans un milieu qui est devenu, en même temps qu'un foyer de dissipation de l'énergie, le laboratoire où celle-ci se reconstitue.

La mise en activité de ce laboratoire exige nécessairement un surcroît de travail physiologique. Mais ce travail surajouté à l'ensemble primitif s'exécute exactement de la même manière. Il en résulte un surcroît de dépense énergétique, par conséquent un accroissement de la thermogénèse et des échanges respiratoires corrélatifs. Mais la valeur de ce double accroissement ne peut être déterminée *directement* d'une manière rigoureuse, parce qu'il s'y mêle, ainsi qu'il a été déjà dit ci-devant, les effets propres au chimisme alimentaire pur, les réactions particulières de l'assimilation réparatrice. Il faut tenir compte de la chaleur et des gaz dégagés ou absorbés dans les métamorphoses que subissent les matériaux alimentaires pour être amenés à l'état sous lequel ils s'incorporent à l'organisme. Ces métamorphoses n'ont rien à faire avec celles qu'entraîne le travail physiologique proprement dit, les seules qui doivent compter dans l'évaluation de l'énergie consacrée aux manifestations des propriétés vitales des tissus organisés.

Tel est le point de vue théorique sous lequel il nous semble qu'on doive logiquement envisager la digestion, dans ses rapports avec l'ensemble du travail physiologique et le mouvement d'énergie dont il est l'occasion, ou plutôt dont il fait partie. Si l'on accepte ce point de vue, si l'on admet qu'il faille établir une séparation nette entre les manifestations énergétiques *éventuelles* qui sont inhérentes à la digestion et celles du travail physiologique *permanent*, on ne doit pas hésiter à chercher les lois de ces dernières manifestations dans l'étude des sujets en état d'inanition. Soumis ensuite à l'alimentation, ces mêmes sujets permettraient d'apprécier, par les différences constatées, le sens et la valeur des manifestations propres à l'intervention de cette condition nouvelle.

VII. — La permanence du renouvellement de la matière des tissus organisés.

Dans la discussion à laquelle nous venons de nous livrer, pour justifier notre choix des conditions types qui conviennent le mieux à la recherche des lois fondamentales de l'énergétique physiologique, nous nous prononçons nettement pour la permanence du renouvellement de la matière propre des tissus. L'usure, placée à l'origine de ce renouvellement, se poursuit aussi bien dans l'état de nutrition normale que dans l'état d'inanition. La seule différence entre ces deux états, c'est que, chez le sujet en inanition, il ne se produit que la phase d'usure, tandis que, chez l'animal alimenté, l'usure est suivie de réparation, ce qui complète l'opération du renouvellement de la matière.

Cet acte a sa raison d'être en lui-même. C'est le résultat d'une fonction autonome, nécessaire, vraie caractéristique de la vie, selon la définition de Cuvier. On sait que le travail qui préside à cette fonction présente une activité extrêmement variable suivant les tissus. Il se distingue des travaux physiologiques proprement dits par la nature des excreta dont il provoque la formation : seul, il donne lieu à une excrétion de principes azotés, chez les sujets à l'abstinence, parce que l'énergie qu'il consomme a sa source dans des substances albuminoïdes. Tous les autres travaux s'alimentent à des sources de potentiel à composition ternaire, donnant par sa combustion de l'acide carbonique et de l'eau seulement.

Le travail de reconstitution de ce potentiel ternaire est, du reste, lié en partie au travail d'usure et de résorption des tissus organisés, à base de matière albuminoïde, comme on le verra plus tard. Mais notre programme ne gagnerait rien en clarté si, dès à présent, nous voulions fournir des explications un peu détaillées. Il faut les laisser venir à leur place. Ici, elles auraient le caractère de simple pétition de principe.

D'après ce qui vient d'être dit, on voit que les tissus se trouvent avoir deux sortes de travaux à exécuter : 1° le travail spécialisé qui incombe à chacun d'eux, comme la contraction musculaire, la conduction nerveuse, etc. ; 2° le travail qui leur est commun à tous, à des degrés fort différents et qui entraîne leur rénovation lente, très lente, mais ininterrompue : l'*histolyse* suivie ou accompagnée de l'*histopoïèse*.

Cette histolyse n'est pas un fait accidentel lié au défaut d'alimentation. On doit en admettre la permanence. Personne, du reste, ne songe à nier l'existence de ce travail chez les sujets en état d'inanition, dont il faut bien expliquer les pertes incessantes d'azote, s'effectuant par l'excrétion urinaire. Mais on veut y voir l'effet d'une substitution passagère, qui met les matières albuminoïdes des tissus à la place du substratum normal d'énergie potentielle, lorsque les aliments ne le fournissent plus au sang en quantité suffisante pour les besoins des différents travaux physiologiques. Tout à l'heure cette interprétation a été réfutée à l'avance. Ajoutons une autre remarque. Si l'histolyse était un travail spécial à l'état d'inanition, visant cette substitution, l'excrétion azotée devrait cesser lorsque la substitution n'a plus de raison d'être. Or il n'arrive rien de semblable. Quand on fournit, aux sujets qui viennent de jeûner, une grande abondance des principes ternaires qui constituent le potentiel auquel recourrent les tissus pour trouver l'énergie dont ils ont besoin, l'excrétion azotée se continue à peu près comme avant.

Oui, il y a là un travail permanent, tout particulier, et un travail assez compliqué. L'histolyse ne comprend, en effet, pas moins de trois phases : 1° la reprise par le sang des éléments constitutifs des tissus ; 2° l'oxydation incomplète de ces matériaux avec formation de nouveaux produits, au nombre desquels figurent les excreta azotés; 3° enfin, l'expulsion définitive ou le réemploi de ces nouveaux produits. Enfin, chez les sujets alimentés, au travail d'usure s'ajoute le travail de réparation.

C'est la nécessité de ce travail de réparation qui explique l'immense importance de l'azote alimentaire. Quand nous étudierons le rôle fondamental des principes azotés dans l'alimentation, nous le rattacherons exclusivement à la rénovation nécessaire de la matière, à ce travail essentiel, incessant, absolument distinct de l'ensemble des travaux physiologiques, intérieurs ou extérieurs, permanents ou accidentels, résultant de la mise en œuvre des propriétés organiques spécialisées, inhérentes à chacun des tissus actifs de l'économie.

De même l'excrétion azotée est-elle fondamentalement liée au travail d'usure, qui est la première phase de la rénovation des tissus. Ainsi chez l'animal en état d'inanition, l'azote urinaire est le témoin particulier de ce travail. C'est le signe le plus apparent de la désintégration qui transforme les substances albuminoïdes résorbées en acide carbonique, urée, etc., d'une part, d'autre part en produits qui servent à l'entretien des réserves de potentiel.

Chez l'animal alimenté, l'azote urinaire a la même signification. C'est encore le témoin de la transformation des albuminoïdes. Mais ceux-ci procèdent de deux sources : 1° la résorption interstitielle des tissus; 2° les principes immédiats azotés des aliments, principes dont il faut faire deux parts. L'une se fixe sur les tissus pour en opérer la restauration. L'autre est celle qui subit les mêmes transformations que les albuminoïdes provenant de la résorption histolytique : il en résulte des produits résiduels, acide carbonique, urée, etc., et des produits réutilisables comme potentiel énergétique, c'est-à-dire des hydrates de carbone ou des graisses, comme nous l'expliquerons en son lieu.

L'azote urinaire en provenance des substances albuminoïdes usées et résorbées n'a qu'une assez médiocre importance. Ceci démontre bien l'indépendance de la fonction de rénovation histolytique. Rien ne la rattache *directement* à l'exercice de l'ensemble du travail physiologique proprement dit. Elle n'en suit que de loin les oscillations chez le sujet à l'abstinence. Celles-ci peuvent être énormes et le travail histolytique rester pourtant quasi immobile dans sa médiocrité relative, que traduit le taux des excrétions azotées. Quant à l'accroissement, parfois très considérable, de ces excrétions, survenant chez les sujets alimentés avec de la viande, il n'a pas davantage affaire au travail physiologique, pas plus du reste que telles autres excrétions, dépendant des métamorphoses alimentaires elles-mêmes et dont nous aurons à nous occuper plus ou moins longuement.

Ces quelques détails n'étaient pas inutiles pour appuyer une des vues générales sur lesquelles nous aurons à insister le plus dans nos études d'énergétique : la permanence du renouvellement de la matière des tissus organisés. Pour en revenir à notre point de départ, c'est-à-dire les conditions typiques dans lesquelles il convient de poursuivre ces études d'énergétique, nous conclurons que, du mouvement énergétique qui se produit chez l'animal, il convient de faire deux parts : 1° celle qui appartient en propre à l'ensemble de travaux que représentent, d'une part, le travail de réparation commun à tous les tissus, d'autre part, le travail physiologique spécialisé, particulier à chacun d'eux, ensemble dont l'état de jeûne représente le type fondamental; 2° celle qui se manifeste en surplus quand l'animal alimenté devient le siège de travaux supplémentaires, physiologiques et autres, nécessaires à la préparation et à l'assimilation des éléments réparateurs de l'organisme : les uns allant aux tissus qui ont besoin d'être restaurés; les autres, aux réserves de potentiel, où ils s'emmagasinent jusqu'au moment où ils auront besoin d'intervenir.

On comprend, par ces derniers mots, que nous ne sommes guère disposés à reconnaître, aux principes immédiats fournis directement par les aliments, l'aptitude à servir *immédiatement* de potentiel énergétique. Nous sommes de ceux qui pensent que ces principes doivent d'abord être assimilés à l'organisme. Encore une des nombreuses affirmations que nous aurons à justifier par la suite! Cette affirmation n'est, du reste, que la conséquence nécessaire de l'unification que nous voulons introduire dans le mécanisme des processus énergétiques : ils n'en sont pas moins de même ordre et de même nature, quoique évoluant dans des conditions différentes de milieu. On verra que cette unification rend plus claire et plus simple l'étude si difficile et si compliquée de l'énergétique physiologique.

DEUXIÈME PARTIE

ANALYSE DES PHÉNOMÈNES ÉNERGÉTIQUES INTIMES LIÉS A L'EXERCICE DU TRAVAIL PHYSIOLOGIQUE.

L'animal en état d'inanition, sur lequel cette analyse va être faite, représente un foyer qui brûle les matériaux propres dont il est formé, c'est-à-dire des principes immédiats ternaires et quaternaires : ceux-ci appartenant tous à la grande catégorie des albuminoïdes ; ceux-là comprenant les graisses et les hydrates de carbone.

La provision de ces derniers est fort minime et ne varie guère, du reste, pendant la principale des phases de l'inanition. Cette persistance des hydrates de carbone n'est pas une des moindres curiosités du sujet que nous avons à traiter ici. Pour l'instant, elle est signalée seulement dans le but de montrer que ces substances, dont le rôle est pourtant si actif et si important, ne comptent guère dans le bilan de l'ensemble des pertes subies par l'animal en état de jeûne. Ce qui importe exclusivement pour ce bilan, ce sont les corps ternaires et quaternaires avec lesquels se fabriquent ces hydrates de carbone dans l'économie des animaux. Ceux-ci vivent sur leurs graisses et leurs albuminoïdes, et c'est à la diminution progressive de ces substances, qu'il faut rapporter la plus grande partie de la perte de poids qu'éprouve le sujet soumis à l'inanition, c'est-à-dire son usure par la dépense d'énergie potentielle accumulée dans la trame de ses organes. Cette dépense peut d'autant mieux être déterminée par la perte de poids des sujets, que le dosage des excreta azotés permet de faire, dans cette perte, la part respective des graisses et des albuminoïdes.

On obtient ainsi des renseignements généraux d'une grande utilité sur quelques points importants : par exemple sur les variations qu'éprouve le rapport des pertes de ces deux sortes de substances, quand, à l'inanition, la condition type, on ajoute d'autres conditions capables de faire varier la consommation énergétique. Ces variations tiennent surtout à la dépense plus ou moins considérable des graisses, en fonction de l'activité du travail physiologique accompli. Les dépôts graisseux répartis dans les diverses régions du corps sont donc bien des réserves de potentiel. Il y a plus de fixité dans la dépense des albuminoïdes. La résorption de ces substances semble bien être une fonction spéciale, liée à l'acte nécessaire de la rénovation des tissus et beaucoup moins influencée que la résorption des graisses, par les changements d'activité qui peuvent survenir dans l'ensemble des phénomènes physiologiques.

A ces indications précieuses, fournies par la détermination en bloc des pertes en potentiel, on en peut ajouter d'autres, non moins intéressantes, tirées de l'étude de la thermogénèse et des échanges respiratoires. Tout cela est très simple, et il est permis de se demander s'il est utile de chercher autre chose. Oui, cela est nécessaire, si nous voulons nous rendre compte du pourquoi de ces pertes de potentiel, en juger l'utilité et en comprendre le mécanisme. Il faut alors les rapporter aux phénomènes qui en sont la raison d'être, c'est-à-dire rapprocher la dépense matérielle du travail physiologique qui en est à la fois le but et la cause. Ceci nous introduit dans une des régions les plus intéressantes et les plus difficiles à explorer de la physiologie générale. Nous y étudierons toujours ensemble la résorption et l'utilisation des graisses, la résorption et l'utilisation des albuminoïdes. Mais il n'est pas dit qu'à un moment donné nous ne serons pas en mesure de chercher, dans une étude isolée, la finalité spéciale qu'on sent instinctivement devoir être attribuée à ces deux sortes de matières.

I. — Le potentiel dans l'intimité des tissus en état de travail physiologique chez le sujet soumis à l'abstinence prolongée.

Les principes que nous avons exposés, relativement au mécanisme intime des transformations de l'énergie qui sont liées au travail physiologique, se rapportent à deux catégories d'actes, étroitement unis les uns aux autres et qu'il faut pourtant étudier isolément : 1° les actes qui président à la consommation du potentiel, en vue de la mise en activité des tissus, c'est-à-dire de la création du travail physiologique ; 2° les actes consacrés à la reconstitution du potentiel, dans la forme sous laquelle il est immédiatement employé à ce travail.

C'est bien dans l'état d'inanition que ces actes intimes peuvent être étudiés sous leur aspect le plus simple. Ils n'en sont pas moins enveloppés d'une irritante obscurité. L'hypothèse doit avoir libre carrière quand on veut se former une idée un peu nette des caractères de ces phénomènes. C'est dangereux. Pour conjurer le péril, nous grouperons nos généralisations autour d'exemples particuliers, choisis parmi ceux qui s'appuient sur des faits déjà établis : nous entendons parler de faits physiologiques, se rapportant directement à la question spéciale qu'il s'agit de discuter et de résoudre, si possible.

Consommation du substratum de l'énergie potentielle. — Qu'est ce substratum? Ou plutôt sous quelle forme se rencontre-t-il dans l'organisme, au moment précis de son utilisation par les tissus, pour l'exécution du travail physiologique?

Les uns placent l'énergie potentielle *immédiatement* consacrée à la création de ce travail dans les albuminoïdes, graisses, hydrates de carbone, fournis au sang, soit par l'absorption digestive, soit par l'absorption interstitielle s'exerçant sur les réserves alimentaires accumulées au sein de l'organisme. Pendant leur passage à travers les capillaires, ces substances subiraient les opérations chimiques qui transforment leur énergie potentielle en énergie actuelle, et les éléments anatomiques, au contact desquels se fait cette transformation, profiteraient de la force vive ainsi créée pour l'exécution de leur travail physiologique. On sait déjà ce qu'il faut penser de cette opinion.

D'autres regardent la force vive en jeu dans les actes physiologiques comme une émanation directe de l'énergie potentielle inhérente à la substance même des tissus en action; c'est-à-dire qu'on admet alors que ces tissus consomment leur propre substance, pour produire l'énergie actuelle nécessaire à leur fonctionnement. Cette manière de voir est également jugée et condamnée par les faits indiqués dans notre première partie.

Une opinion moyenne, résultant de la fusion des deux premières, a plus de chance de représenter la réalité des choses : ce serait bien dans leur propre sein, et non pas dans le sang qui les irrigue, que se réaliserait la création de la force vive source de l'activité des tissus; seulement le substratum de l'énergie potentielle d'où est tirée cette force vive ne serait pas, à proprement parler, la substance même, l'élément constitutif des organes, mais un principe immédiat, en quelque sorte indépendant, simplement incorporé aux tissus organiques, selon l'idée développée par Burdon Sanderson : ceux-ci puiseraient ce principe dans le sang et le consommeraient au fur et à mesure des besoins.

Pour exemple, on peut prendre le glycogène musculaire. Ce n'est pas un élément nécessaire du muscle, car il disparaît à peu près complètement après un jeûne très prolongé, sans que la constitution et les aptitudes du faisceau musculaire en soient altérées ou modifiées. Lorsque l'alimentation est reprise, la provision de glycogène se reconstitue dans le muscle avec une grande rapidité. Le glycogène est donc un élément essentiellement mobile du tissu musculaire. Pourquoi cet élément disparaît-il pendant l'inanition? Au premier abord, il semble tout simple de répondre que c'est parce que l'alimentation a cessé d'apporter les matériaux au moyen desquels l'économie animale fabrique le glycogène musculaire. Mais c'est avec la glycose que se crée cette substance, et la glycose continue à faire partie de la composition du sang chez les sujets soumis à une abstinence prolongée; le fluide nourricier est seulement moins riche en glycose que chez les animaux bien nourris. Il est donc plus plausible d'attribuer la disparition du glycogène musculaire à ce que la consommation qui en est faite, dans les transformations énergétiques nécessaires à l'accomplissement du travail physiologique, l'emporte ou l'a emporté, à un certain moment, sur la restitution qui a sa source dans la glycose sanguine. Cette glycose continue à transsuder dans le tissu musculaire, où il suffit d'une simple déshydratation pour en faire du glycogène. Mais celui-ci a à peine le temps d'apparaître parce qu'il est immédiatement consommé. Peut-être même l'est-il parfois avant d'exister en tant que glycogène : glycose et glycogène sont effectivement deux hydrates de carbone trop près l'un de l'autre pour qu'ils ne puissent se remplacer réciproquement dans les actes intimes de l'énergétique physiologique.

Tout concourt à légitimer le rôle et la fonction qui sont attribués ici au glycogène musculaire. Il est si vrai que cette substance est *éventuellement* incorporée au tissu contractile, pour servir à sa consommation énergétique, que le travail musculaire un peu actif diminue toujours la quantité de glycogène qui est emmagasinée dans le muscle. La diminution est surtout notable quand on fait contracter un muscle où il n'y a plus de circulation. Alors en effet la glycose sanguine ne peut plus reconstituer le glycogène musculaire ou se substituer à cette substance. Un autre fait, en quelque sorte inverse, renforce la signification du précédent : c'est l'accumulation du glycogène dans les muscles paralysés, où le travail physiologique est à peu près nul et la consommation énergétique prodigieusement réduite.

Ces renseignements permettent de se prononcer sur le choix d'une opinion relativement à l'origine immédiate de l'énergie mise en jeu dans le travail physiologique. Il n'y a pas lieu d'admettre qu'il est engendré par des combustions intravasculaires, s'exerçant sur les matériaux encore contenus dans le sang. C'est dans les tissus mêmes qui accomplissent ce travail qu'il convient de placer l'origine de la force vive d'où il dérive. Mais l'énergie potentielle qui fournit cette force vive ne provient pas de leur substance propre : cette énergie a sa source dans des principes immédiats amorphes incessamment puisés dans le sang et qui *imprègnent* les tissus de l'organisme.

D'après l'étude du muscle, et en généralisant les résultats qu'elle donne, ces principes immédiats qui servent de substratrum à l'énergie potentielle seraient toujours des hydrates de carbone, glycogène ou glycose. Les divers tissus qui ont un rôle à jouer dans l'ensemble du travail physiologique contiennent, en effet, ces substances ou peuvent les emprunter au sang au fur et à mesure des besoins.

Admettons donc que le substratum, d'où procède immédiatement l'énergie potentielle consacrée à l'exécution du travail physiologique, est bien l'un des hydrates de carbone en question. Il n'est certainement pas possible d'affirmer que cette attribution repose sur des preuves directes et péremptoires. Au moins se justifie-t-elle par la facilité avec laquelle elle prend sa place dans l'enchaînement général des faits, ainsi que dans les théories explicatives du travail physiologique et de la transformation de l'énergie au sein du milieu animal. L'utilisation directe des graisses pourrait s'adapter aussi, mais beaucoup moins facilement que celle des hydrates de carbone, à l'ensemble des notions acquises sur la physiologie intime de la nutrition. On manque, du reste, de données expérimentales pour discuter la question.

Les actes consacrés à la reconstitution du substratum de l'énergie potentielle. — Il peut paraître étonnant, au premier abord, qu'on parle de *reconstitution* du potentiel chez les sujets en état de jeûne prolongé. Mais il ne s'agit point d'apport alimentaire venu du dehors. Le fait qui est visé ici, c'est la persistance, soit dans les organes, soit dans le sang, des principes immédiats qui se consomment incessamment pour fournir la force vive nécessaire à l'accomplissement des actes physiologiques. Il faut donc qu'il y ait renouvellement de ces substances. Comment s'opère ce renouvellement?

C'est dans ce cas surtout qu'il faut serrer de près les rares faits bien établis qu'on doit prendre pour guides, si l'on ne veut pas s'égarer dans de vagues et confuses généralisations. Revenons donc au glycogène du muscle et rappelons que cette matière tend à diminuer notablement lorsque le travail musculaire devient très actif. C'est, avons-nous dit, une des preuves indirectes qui permettent de considérer ce glycogène comme la source potentielle directe du travail accompli par le muscle. Quand l'activité de celui-ci se ralentit, au point d'être réduite à la provocation de la simple tonicité de l'état de repos, le muscle s'enrichit de nouveau en glycogène. On sait d'où vient cette nouvelle provision de potentiel. Elle est surtout puisée dans le sang. Ce fluide, répèterons-nous, est toujours prêt à fournir aux tissus la glycose dont ils ont besoin pour travailler, glycose qu'ils consomment immédiatement après se l'être incorporée, ou bien qu'ils déshydratent pour en faire provision sous forme de glycogène.

Donc, ce qu'il faut expliquer, si l'on veut connaître le mécanisme de la reconstitution du potientiel, chez les animaux soumis à l'inanition, c'est la persistance de la glycose dans le sang, où la dépense de cette substance est pourtant incessante. Or cette explication est tout particulièrement facile. On sait très bien d'où vient la plus grande partie, sinon la totalité, de la glycose que le sang cède sans cesse aux éléments organisés qui travaillent: c'est la glycogénèse hépatique qui la fournit au sang. Ainsi, dans le cas particulier dont nous nous occupons — celui du muscle — l'acte qui opère la reconstitution du potentiel, chez les sujets à l'inanition, s'identifie, en quelque sorte, avec cette glycogénèse hépatique. On se trouve ainsi amené en présence d'un sujet et de faits suffisamment connus pour être exploités avec une certaine sûreté, dans l'établissement d'une théorie de l'énergétique physiologique.

Le premier de ces faits, le plus important de tous, concerne l'origine des matériaux sur lesquels s'exerce l'activité de la cellule hépatique pour en faire de la glycose. Ces matériaux sont nécessairement fournis au foie par le corps de l'animal lui-même. Il n'est pas difficile de désigner les tissus auxquels incombe le principal rôle en cette circonstance : ce sont, naturellement, ceux qui font les plus grandes pertes sous l'influence de l'inanition, c'est-à-dire le système graisseux ou le système musculaire. Or, justement les graisses, aussi bien que les matières protéiques, dont la myosine fait partie, peuvent être transformées en glycose dans le foie : les plus récentes démonstrations, celles de Seegen entre autes, ne laissent guère subsister de doute à cet égard.

Donc le travail de résorption qui s'exerce sur les éléments ternaires ou quaternaires du tissu graisseux ou du tissu musculaire amène ces éléments au contact des cellules hépatiques, qui en tirent de la glycose, incessamment versée dans le torrent circulatoire par les veines sus-hépatiques. Par quel mécanisme se fait cette fabrication? C'est une question que nous retrouverons tout à l'heure. Pour l'instant, nous n'avions qu'à mettre ce fait en évidence, à savoir que, si les hydrates de carbone, réservoirs de l'énergie potentielle directement consommée par le travail physiologique, se détruisent incessamment dans l'organisme, ils sont reconstitués non moins incessamment par le foie qui s'en décharge en les déversant dans le sang.

L'attention doit être appelée maintenant sur la nature des actes qui concourent à cette *reconstitution* du substratum de l'énergie potentielle. Ils sont au nombre de trois : 1° l'histolyse ou la résorption interstitielle, qui fait rentrer dans le torrent circulatoire les matériaux du nouveau substratum ; 2° la fabrication de ce nouveau substratum du potentiel ; 3° sa réincorporation aux éléments anatomiques. Ce sont là trois occasions de travail physiologique, entraînant un mouvement énergétique à conséquences exothermiques, d'après les principes que nous avons posés précédemment.

L'acte préliminaire, l'histolyse, si net dans ses résultats, la perte de poids des tissus qui subissent la résorption, est obscur dans son mécanisme intime. Mais on sent bien que la matière arrachée aux éléments anatomiques ne peut l'être sans effort, sans travail, sans dépense d'énergie.

A fortiori, en est-il ainsi de ce qui se passe dans le foie. C'est au travail physiologique des cellules de cette glande qu'est due la dislocation des substances avec lesquelles cet organe fait la glycose. Cette dislocation entraîne de nouveaux arrangements de la matière et de la force, que nous aurons à examiner. Mais le fait même d'avoir provoqué et accompli ces nouveaux arrangements constitue, pour la cellule du foie, un travail physiologique d'une grande importance, partant une cause de dépense énergétique.

Enfin la réincorporation aux tissus du potentiel reconstitué se présente, mais en sens inverse, avec la même signification que la résorption histolytique. Chez l'animal en état d'inanition, il n'est pas sûr que le potentiel reconstitué s'incorpore au muscle sous forme de glycogène. Il y a chance pour qu'il soit consommé souvent à l'état de glycose, à l'instant même où il transsude à travers les parois des capillaires. En ce cas, il n'y aurait à compter qu'avec l'énergie nécessaire à l'accomplissement de ce travail de transsudation. Ce n'en serait pas moins une dépense.

En somme, la *reconstitution* du potentiel énergétique contribue elle-même à la *consommation* de ce potentiel, parce que cette reconstitution exige du travail physiologique, qui est toujours une occasion de dépense et de dissipation de la force.

Encore un mot avant de finir sur ce point. On a pu remarquer que, dans les considérations relatives à la reconstitution du potentiel, nous n'avons établi aucune distinction entre les sources auxquelles s'alimente le foie pour se procurer les éléments de cette reconstitution. D'une part, se trouvent les réserves alimentaires, toutes contenues dans les couches ou amas graisseux. D'autre part se présentent les albuminoïdes que la phase histolytique du renouvellement de la matière fait pénétrer dans le sang. Il n'y avait pas utilité à considérer ces deux sources à part l'une de l'autre dans l'analyse générale qui vient d'être faite. Mais la distinction s'imposera à un certain moment de l'étude qui va suivre.

Pour résumer et conclure sur ce premier point, on peut formuler la proposition suivante : *Chez l'animal en état d'abstinence, c'est un hydrate de carbone, glycogène ou glycose, qui constitue, selon toute probabilité, le substratum énergétique immédiat auquel les tissus empruntent la force vive nécessaire à l'accomplissement de leur travail physiologique. Ce substratum potentiel* incessamment *détruit est* incessamment *renouvélé, surtout par le foie, qui en fabrique de nouvelles quantités, avec les graisses et les albuminoïdes que la résorption interstitielle fait rentrer* incessamment *dans le torrent circulatoire.*

II. La nature et les effets de la consommation et de la reconstitution du potentiel, chez le sujet en état d'abstinence prolongée. Chimisme énergétique.

Nous connaissons maintenant l'idée générale que l'on peut se faire du substratum immédiat du potentiel, chez les animaux à l'abstinence ; nous savons comment il se consomme et se reconstitue, en vue de la mise en activité des éléments organisés auquel il fournit la force vive nécessaire à leurs manifestations vitales. Il faut, à présent, considérer *en elles-mêmes* les transformations du potentiel utilisé pendant l'inanition, et développer les courtes indications que nous avons déjà données à ce sujet dans notre vue d'ensemble du métabolisme énergétique.

Le travail physiologique se retrouve, comme on a vu, au fond de tous les actes intimes liés au mouvement de l'énergie, y compris ceux qui opèrent, avec le déplacement et la préparation du substratum du potentiel, sa mise en présence des tissus qui doivent en tirer parti. Mais on comprend qu'il n'y ait point à s'arrêter sur le travail physiologique lui-même, comme manifestation du mouvement énergétique, puisque cette manifestation est essentiellement transitoire et fugitive. Ce qu'il faut considérer surtout, c'est la dépense d'énergie qu'entraîne nécessairement l'accomplissement de tout travail intraorganique, ou plutôt ce sont les *effets* de cette dépense.

Par *effets* de la transformation du potentiel, il faut entendre le *chimisme transformateur* lui-même et toutes les conséquences qu'il entraîne. C'est donc : 1° une formation d'excreta, parmi lesquels l'acide carbonique et l'eau tiennent la plus grande place, avec l'urée qui se fait aussi remarquer particulièrement : résidus provenant tous, chez l'animal à l'inanition, de l'action exercée par l'oxygène de la respiration sur le substratum de l'énergie potentielle ; 2° la production de chaleur, conséquence de cette action de l'oxygène et mesure de l'énergie que cette action développe pour la création du travail physiologique.

A. **Les effets matériels du chimisme transformateur de l'énergie pendant l'inanition.** — Il importe d'examiner à part et successivement ces *effets matériels* du mouvement énergétique, d'abord dans le cas du travail physiologique proprement dit, entraînant la *consommation* du potentiel commun (hydrates de carbone), puis dans le cas de *reconstitution* de ce potentiel, procédant de la résorption des réserves graisseuses d'une part, d'autre part des albuminoïdes enlevés aux tissus organiques par le travail d'incessante rénovation de la matière propre de ces tissus.

Produits matériels de la consommation du potentiel dans le travail physiologique proprement dit chez l'animal en état d'abstinence. — Ce sont tous des produits d'oxydation directe : il n'en peut être autrement, si vraiment c'est sous forme d'hydrates de carbone que se présente le substratum de l'énergie potentielle au moment même de son utilisation pour la création du travail physiologique. L'oxygène que la respiration fournit incessamment aux tissus de l'organisme et qu'elle met en présence de corps aussi éminemment combustibles que ces hydrates de carbone, cet oxygène accomplit son office de corps comburant en donnant naissance aux produits habituels de la combustion des substances hydrocarbonées, c'est-à-dire l'acide carbonique et l'eau.

$$\overbrace{C^6H^{12}O^6}^{\text{Glycose.}} + 6O^2 = 6CO^2 + 6\,H^2O = n^{\text{calories}}$$

Voilà le mécanisme de Lavoisier dans toute sa pureté. Il s'adapte parfaitement à notre cas spécial, celui du travail musculaire. Rien, du reste, ne permet de supposer que ce mécanisme n'est pas d'une application tout aussi légitime dans les autres cas de travail physiologique proprement dit et de chimisme transformateur de l'énergie adéquate à ce travail.

Produits matériels de la reconstitution du potentiel chez l'animal en état d'abstinence. — Le chimisme des phénomènes de reconstitution du potentiel, pendant le jeûne, appelle des considérations et des explications particulières. Nous avons dit que cette reconstitution s'effectue en trois temps et présente trois phases : 1° la phase de résorption des matériaux propres à la fabrication du potentiel ; 2° la phase de formation de ce potentiel ; 3° la phase de transsudation et de réincorporation du nouveau produit. Dans toutes, il y a travail physiologique, donc chimisme transformateur d'énergie potentielle, c'est-à-dire combustion intraorganique, avec formation de déchets excrémentitiels et production de chaleur. On ne risque guère de s'égarer en admettant que le travail des première et troisième phases, de beaucoup les moins importantes, sont le résultat de la combustion directe et complète du principe ternaire (hydrate de carbone) utilisé dans les diverses sortes de travail physiologique proprement dit, avec certaine réserve toutefois dont il sera question tout à l'heure. Mais, dans la phase principale, celle où intervient l'action du foie, le chimisme se complique d'une manière remarquable. Les réactions dont la cellule hépatique devient le siège n'ont pas seulement pour but de créer la force vive nécessaire au travail de cet élément; elles ont de plus pour résultat d'opérer des groupements moléculaires nouveaux dans les principes ternaires ou quaternaires sur lesquels s'exerce l'activité du foie. Avec des graisses et des substances albuminoïdes, cet organe fait de la glycose. Comment le chimisme hépatique aboutit-il à ce résultat?

Tous les faits concordent pour établir que c'est encore là un processus d'oxydation, mais d'oxydation incomplète. Ce n'est pas l'opinion courante, au moins en ce qui concerne les albuminoïdes. Les transformations des principes azotés dans l'organisme sont communément attribuées à des dédoublements, s'accomplissant sous l'influence de l'hydratation de ces substances : opinion qui a l'avantage de s'accorder avec les résultats des tentatives de Schützenberger sur la synthèse de l'albumine. Mais ce n'est pas aux réactions *in vitro* qu'il faut demander les solutions probables de cette question obscure du chimisme intra-hépatique; c'est à la chimie qui se fait dans le corps même de l'animal. Il convient de rechercher celles de ces solutions qui sont indiquées par les faits physiologiques eux-mêmes. Or, il en est un — nous l'avons déjà rappelé, et l'on ne doit pas se lasser de le rappeler encore — qui ne permet pas d'admettre que la production de la glycose puisse avoir lieu sans la participation de l'oxygène du sang. Ce fait, c'est la faible valeur du quotient respiratoire chez les animaux à l'inanition : indice certain de la suractivité de l'absorption de l'oxygène dans les vésicules pulmonaires. Où pourrait aller l'oxygène en excédent, si ce n'est dans les produits d'oxydation qu'élimine l'animal, par conséquent, dans ceux que fabrique le foie, soit l'acide carbonique, soit l'urée, etc., ou bien dans la glycose formée en même temps que ces produits ? N'a-t-il pas été démontré, du reste, que le sang de la veine porte, en traversant la glande hépatique, y laisse la plus grande partie de l'oxygène qu'il contient encore ? La transformation des graisses de réserve en glycose, par un processus d'oxydation incomplète, ne saurait donc faire doute. Peut-être y a-t-il des circonstances où les albuminoïdes se transforment par un processus d'hydratation, d'après la formule d'Arm. Gautier, que nous reproduirons plus loin, ou toute autre formule analogue. Mais, pour le moment, nous considérerons ces substances comme étant soumises, dans leurs transformations, au même mécanisme que les matières grasses.

Rien n'est plus facile que d'établir les formules des nouveaux arrangements moléculaires, que comporte le processus d'oxydation incomplète auquel nous attribuons la production de la glycose dans le foie. Mais, pour cela, il faut tenir compte de la nature de la matière sur laquelle s'exerce l'activité de la cellule hépatique : corps gras ou corps albuminoïde.

Premier cas : *le foie agit sur la graisse des réserves de potentiel alimentaire.* — Chez l'animal en état d'abstinence, le substratum de l'énergie potentielle est surtout fourni par les matières grasses mises en réserve. Elles rentrent dans le sang, qui les apporte au foie. Nous n'avons pas à étudier les détails du procédé employé par la glande pour faire de la glycose avec ces matières grasses. Il suffit de montrer, par un exemple, comment une oxydation incomplète en peut tirer un hydrate de carbone, avec de l'eau et de l'acide carbonique résiduels. La stéarine se prête assez bien à l'équation chimique qui traduit cette transformation :

$$2\underbrace{C^{57}H^{110}O^{6}}_{\text{Stéarine.}} + 67O^{2} = 16\underbrace{C^{6}H^{12}O^{6}}_{\text{Glycose.}} + 18CO^{2} + 14H^{2}O$$

Cette équation donne bien l'idée d'un processus chimique qui prend beaucoup d'oxygène, sans en rendre une quantité égale dans les produits résiduels de l'oxydation, ce qui concorde avec la coexistence d'un faible quotient respiratoire. Une grande partie de l'oxygène reste engagée dans le potentiel-glycose, avec l'énergie adéquate. Celle-ci ne se dégagera que quand la glycose subira ultérieurement la combustion complète. Dans la réaction actuelle, la chaleur dégagée est nécessairement peu considérable.

Deuxième cas : *le foie agit sur les albuminoïdes enlevés aux tissus par la résorption qui prépare le travail de rénovation de leur matière propre.* — Le jeûne, rappelons-le, ne provoque pas cette résorption, qui est incessante ; mais il la met en évidence : l'excrétion des résidus azotés, en effet, n'est pas suspendue par l'inanition ; de plus ceux-ci, chez l'animal privé d'aliments, ne peuvent provenir que de la matière propre de ses tissus. Pas plus que pour les graisses, nous ne nous arrêterons à discuter par le menu le mécanisme des transformations qui amènent les albuminoïdes à fournir de la glycose, en même temps que des résidus : urée, acide carbonique et eau. Il n'est pas difficile de montrer que ces transformations peuvent s'effectuer d'après un procédé d'oxydation incomplète, analogue à celui qui transforme les graisses :

$$\overbrace{2C^{72}H^{112}Az^{18}O^{22}S}^{\text{Albumine.}} + 103O^2$$

$$= \overbrace{8C^6H^{12}O^6}^{\text{Glycose.}} + \overbrace{18COAz^2H^4}^{\text{Urée.}} + 78CO^2 + 28H^2O + 2S$$

On pourrait concevoir aussi que la transformation de l'albumine se fait en deux temps. L'albumine formerait d'abord de la stéarine ou une autre matière grasse :

$$\overbrace{4C^{72}H^{112}Az^{18}O^{22}S}^{\text{Albumine.}} + 139O^2$$

$$= \overbrace{2C^{57}H^{110}O^6}^{\text{Stéarine.}} + \overbrace{36COAz^2H^4}^{\text{Urée.}} + 138CO^2 + 42H^2O + 4S$$

La stéarine se changerait ensuite en glycose, d'après le procédé indiqué ci-devant. Notre dernière formule montre que, dans la réaction produite par le premier degré d'oxydation de l'albumine, les résidus de l'oxydation contiennent une quantité d'oxygène supérieure à celle qui est prise par l'albumine. A lui seul même, l'oxygène de l'acide carbonique produit dans cette réaction pourrait l'emporter sur la totalité de l'oxygène absorbé, si l'on faisait intervenir telle autre formule de corps gras, comme celle de la tripalmitine :

$$\overbrace{6C^{72}H^{112}Az^{18}O^{22}S}^{\text{Albumine.}} + 163O^2$$

$$= \overbrace{4C^{51}H^{98}O^6}^{\text{Tripalmitine.}} + \overbrace{54COAz^2H^4}^{\text{Urée.}} + 174CO^2 + 32H^2O + 6S$$

Mais c'est surtout en supposant une dislocation par hydratation de la molécule d'albumine qu'on obtient de l'acide carbonique sans addition d'oxygène :

$$\overbrace{C^{72}H^{112}Az^{18}O^{22}S}^{\text{Albumine.}} + 14H^2O$$

$$= \underbrace{9COAz^2H^4}_{\text{Urée.}} + \underbrace{C^{51}H^{98}O^6}_{\text{Tripalmitine.}} + \underbrace{C^3H^6O^3}_{\text{Acide lactique ou hydr. de carbone.}} + 9CO^2 + S$$

(Arm. Gauthier.)

L'hypothèse de la dislocation des albuminoïdes de résorption en deux temps n'est pas absolument gratuite. Peut-être cette dislocation s'accomplit-elle réellement ainsi, sinon même en un plus grand nombre de temps. Il se pourrait aussi que le premier temps s'effectuât dans les tissus, au moment du travail de résorption. Ce travail, d'ordre plastique, s'accompagnerait sur place, au moins partiellement, d'une dislocation chimique vraie, celle qui entraîne la formation d'un corps gras, d'après l'un des procédés qui viennent d'être indiqués. Le corps gras continuerait ensuite son évolution chimique régressive en devenant de la glycose.

L'étude de la distribution générale de l'urée dans le sang et les tissus, chez les sujets à l'inanition, autorise, au moins dans une certaine mesure, la supposition qui vient d'être faite, sur l'exécution *in situ* de la première phase de la dislocation des albuminoïdes, enlevés aux tissus par la résorption interstitielle liée au travail de rénovation de la matière. La seconde phase de cette dislocation a aussi chance d'être *partiellement* accomplie au moment même de la résorption des albuminoïdes. Rien ne s'oppose, en effet, à ce que les mutations chimiques qui président à la préparation des substances destinées à être brûlées directement, comme substratum du potentiel énergétique, constituent un phénomène général, disséminé, dont le foie représenterait seulement un des foyers, mais un foyer d'une grande activité.

Résumé et conclusions sur le chimisme transforma-

teur de l'énergie et sur son utilisation pour l'appréciation de la valeur du mouvement énergétique lié à l'exécution du travail physiologique. — En résumé, la glycose du sang doit être sans doute considérée comme l'origine immédiate du potentiel communément utilisé par les travaux spéciaux de l'organisme animal; mais il est permis de laisser de côté ce principe, dans les recherches sur la détermination de la valeur du mouvement énergétique, par les résultats de l'étude du chimisme qui en est la cause. Il faut, en effet, remonter jusqu'aux sources mêmes du substratum hydrocarboné, c'est-à-dire aux graisses et aux albuminoïdes, que le travail de résorption enlève à la masse du corps, pour les offrir à l'activité glycosogénétique du foie. Chez l'animal à l'abstinence, les excreta éliminés, acide carbonique, eau, urée, etc., sont, en fait, les produits de l'oxydation de ces deux sortes de substances organiques. Elles s'oxydent peut-être en partie — en minime partie, — par un procédé d'hydratation. Mais les renseignements fournis par l'étude du quotient respiratoire, chez les sujets en état d'abstinence prolongée, démontrent que ce processus, s'il intervient, ne joue qu'un rôle très effacé. C'est surtout par oxydation directe que ces substances se transforment; nous n'admettrons que ce mécanisme pour le moment. Parmi ces substances, les unes, les graisses, subissent une combustion complète; les autres, les albuminoïdes, une combustion incomplète. Dans la série des transformations qu'elles éprouvent, la glycose apparaît comme un simple intermédiaire, précédant le terme ultime de l'oxydation.

Deux opérations peuvent suffire à expliquer la métamorphose des graisses :

1° L'une change la graisse en eau, acide carbonique et *glycose*.

$$\overbrace{2C^{57}H^{110}O^{6}}^{\text{Stéarine.}} + 67O^{2} = 18CO^{3} + 14H^{2}O + \overbrace{16C^{6}H^{12}O^{6}}^{\text{Glycose.}}$$

2° L'autre opération achève l'oxydation en amenant la glycose à l'état d'eau et d'acide carbonique.

$$\overbrace{16C^{6}H^{12}O^{6}}^{\text{Glycose.}} + 96O^{2} = 96CO^{2} + 96H^{2}O$$

Pour les albuminoïdes, il faut supposer trois opérations au moins :

1° La première disloque les molécules albuminoïdes, en leur faisant subir un commencement d'oxydation, pour en tirer de la *graisse*, de l'urée, de l'acide carbonique et de l'eau.

$$\overbrace{4C^{72}H^{112}Az^{18}O^{22}S}^{\text{Albumine.}} + 139O^{2}$$

$$= \overbrace{36COAz^{2}H^{4}}^{\text{Urée.}} + 138CO^{2} + 42H^{2}O + 4S + \overbrace{2C^{57}H^{110}O^{6}}^{\text{Stéarine.}}$$

2° La seconde opération — encore une oxydation — fait, avec le corps gras, un hydrate de carbone, accompagné d'une formation d'eau et d'acide carbonique.

$$\overbrace{2C^{57}H^{110}O^{6}}^{\text{Stéarine.}} + 67O^{2} = 18CO^{2} + 14H^{2}O + \overbrace{16C^{6}H^{12}O^{6}}^{\text{Glycose.}}$$

3° La troisième opération enfin achève l'oxydation et brûle complètement la glycose, qui se résout en eau et acide carbonique.

$$\overbrace{16C^{6}H^{12}O6}^{\text{Glycose.}} + 96O^{2} = 96CO^{2} + 96H^{2}O$$

Admettons que les choses se passent avec cette simplicité dans l'économie animale. Si l'on connaissait la quantité des matières ainsi consommés, on en déduirait la chaleur correspondant à cette consommation, c'est-à-dire la valeur de l'énergie que le travail physiologique a dépensée. En effet, l'une de ces substances, la graisse, se brûle complètement, et l'on en connaît la chaleur de combustion. L'autre substance, l'albumine, ne se brûle qu'incomplètement; sans compter les autres excreta azotés, il y a l'urée parmi les résidus de la première phase de l'oxydation, et ces corps possèdent une chaleur de formation encore assez élevée. Mais en déduisant cette chaleur de formation de celle de l'albumine (prise comme type des albuminoïdes de l'économie animale), on arriverait également à déterminer la chaleur dégagée par la combustion incomplète de la substance quaternaire en question.

Or, il est assez facile de connaître à peu près la quantité totale de graisse et d'albumine qui s'est consommée. Avec le poids de l'azote urinaire, on calcule le poids de l'albumine d'où procède cet azote. D'autre part, le poids de l'albumine, déduit de la perte du poids total du corps (déterminé avec les précautions déjà indiquées), donne, plus ou moins approximativement, la quantité de graisse brûlée dans les combustions du travail physiologique.

Il semble donc possible, comme on voit, de calculer, d'après l'un des éléments du chimisme étudié pendant l'inanition (la perte en matière du milieu où il s'exécute), la valeur des combustions totales qui sont la mesure de l'énergie consacrée au travail physiologique.

Ajoutons que, si les matières consommées l'étaient toujours dans les mêmes proportions, cette détermination énergétique absolue pourrait être également déduite de la quantité d'oxygène employée aux combustions intra-organiques.

Le même parti, enfin, serait tiré de la connaissance du principal déchet de la combustion, l'acide carbonique, qui se produit dans toutes les opérations chimiques que nous avons supposé présider à la dislocation des graisses et des albuminoïdes. Tout l'oxygène absorbé, moins une partie de celui qui est éliminé par les excreta azotés, se retrouve, en effet, dans cet acide carbonique.

Ainsi se trouve établie l'aptitude des éléments divers dont se compose le chimisme intime de l'animal en état d'inanition à fournir la mesure énergétique du travail physiologique. Mais c'est là une aptitude théorique et schématique. Pratiquement, il serait difficile d'en tirer parti. D'une part, les pesées nécessaires à la détermination du potentiel brûlé donnent des résultats qui peuvent être influencés par l'intermittence des excrétions solides et liquides, ainsi que par la difficulté de compenser exactement les pertes aqueuses purement passives, entraînées par ces dernières. D'autre part, les deux autres éléments de la valeur absolue de l'énergie mise en œuvre dans le travail, c'est-à-dire les coefficients de l'activité respiratoire, ne permettraient d'arriver à la connaissance de cette valeur absolue, qu'autant qu'il serait établi que les deux sources de potentiel le fournissent toujours dans les mêmes proportions. Tout au plus, la détermination de ces coefficients respiratoires permet-elle de contrôler l'exactitude des renseignements qu'on pourrait demander à la détermination directe de la perte de potientiel éprouvée par le sujet. Il doit, en effet, y avoir concordance parfaite entre les indications données par tous les éléments du chimisme intra-organique, chez l'animal soumis à l'inanition. Et encore, sous ce dernier rapport, est-on exposé à constater des discordances apparentes. L'expérience, d'accord avec les données théoriques dont il vient d'être question, démontre, en effet, qu'il peut survenir des modifications dans le rapport de l'entrée de l'oxygène à la sortie de l'acide carbonique. Cela dépend de l'influence des phases intermédiaires interposées entre l'état initial et l'état final du potentiel, phases qui, suivant les conditions du travail organique, prennent, à un moment donné, soit l'une, soit l'autre, plus ou moins d'importance. Quelques indications particulières sur ce point ne seront pas inutiles.

Les échanges gazeux qui traduisent l'intensité du chimisme consacré à la création du travail physiologique, chez l'animal en état d'abstinence. Échanges dans l'appareil pulmonaire. Échanges dans les tissus. Variations du quotient des échanges respiratoires et du quotient des échanges intraorganiques. — Le quotient respiratoire, chez les sujets en état d'abstinence prolongée, est en concordance avec le mécanisme présumé de la dislocation complète des graisses et des albuminoïdes, par oxydation directe. L'acide carbonique rendu est à l'oxygène absorbé, au moment et par le fait de cette dislocation, dans le rapport de 0,70 pour la graisse et de 0,84 pour l'albumine :

$$\text{A) } \overbrace{2C^{72}H^{112}Az^{18}O^{22}S}^{\text{Albumine.}} + 151O^2$$

$$= 126CO^2 + 76H^2O + 18\overbrace{COAz^2H^4}^{\text{Urée.}} + 2S$$

$$\text{B) } \overbrace{2C^{57}H^{110}O^6}^{\text{Stéarine.}} + 163O^2 = 114CO^2 + 110H^2O$$

Le quotient moyen qu'on peut tirer de ces chiffres,

en tenant compte du rapport de la consommation des deux substances, représente bien, à peu près, le quotient respiratoire des sujets considérés pendant la période moyenne de l'inanition, au moins dans le cas d'état de repos. Mais sur les sujets qui travaillent à jeun, le quotient respiratoire s'élève sensiblement, tout en restant toujours très éloigné de l'unité. Donc, lorsqu'il y a travail musculaire, le chimisme intra-organique est non seulement accru, mais encore légèrement modifié. Quelle est l'intervention qui accroît ainsi le quotient respiratoire? Le sujet ne peut, en aucun cas, rendre plus d'oxygène que le potentiel consommé n'en contient après avoir absorbé celui qui lui est fourni par la respiration. Si donc, à un moment donné, l'exhalaison de l'acide carbonique s'accroît proportionnellement plus que l'absorption de l'oxygène, c'est qu'alors la répartition de l'oxygène dans les excreta s'est plus ou moins modifiée. Il en passe moins dans les produits solides ou liquides de la combustion et davantage dans les produits gazeux. Que faut-il pour cela? Peu de chose. Par exemple, il suffirait que la combustion des hydrates de carbone existant tout formés dans l'organisme l'emportât, à ce moment, sur leur renouvellement. Ou bien — et ce serait là une cause, peu active sans doute, mais d'une durée plus soutenue — les albuminoïdes dont la résorption concourt à ce renouvellement, s'arrêteraient au premier stade de leur dislocation régressive, par combustion incomplète, stade qui comporte l'égalité à peu près parfaite entre l'oxygène absorbé et l'acide carbonique rendu. Ou bien encore ces deux causes agiraient simultanément. D'autres enfin pourraient également être invoquées.

On ne sera renseigné sur le mécanisme exact des modifications du quotient respiratoire, pendant l'abstinence, qu'au moment où il ne règnera plus aucune incertitude sur les échanges gazeux qui se passent dans l'intimité des tissus. C'est le quotient de ces échanges intra-organiques qu'il importe surtout de connaître. Nous avons poussé plus loin qu'on ne l'avait fait avant nous les recherches nécessaires à la détermination de ce quotient, dans l'état de repos et l'état de travail physiologique. Néanmoins, nous estimons que les précautions prises, dans cette étude expérimentale, pour arriver à l'exactitude rigoureuse, ne sont pas suffisantes. Toutes nos déterminations doivent être vérifiées; nous avons disposé dans ce but un outillage nouveau, dont l'exploitation tiendra une grande place dans les recherches nouvelles qu'exige la solution de la question de l'utilisation de l'énergie pour les animaux. En attendant, si nous prenons nos déterminations telles qu'elles sont actuellement, nous voyons qu'elles concordent parfaitement avec les valeurs trouvées pour le quotient respiratoire. Rappelons sommairement les résultats obtenus dans nos analyses comparatives du sang qui entre dans le muscle et du sang qui en sort :

1° Pendant l'état de repos apparent, le muscle cède au sang moins d'acide carbonique — en volume — qu'il ne prend d'oxygène. Le rapport $\frac{CO^2}{O^2}$ est donc plus petit que l'unité. C'est comme dans les échanges respiratoires.

Prise en elle-même, abstraction faite de tous les autres éléments du problème, cette détermination autoriserait à voir dans le chimisme intramusculaire la preuve de la combustion directe, *in situ*, de la plus grande partie des graisses et des albuminoïdes qui sont la source du potentiel énergétique. Il est peu probable que les choses se passent d'une manière aussi simple.

2° Pendant le travail, l'activité des échanges augmente considérablement, et la balance des gaz pris et rendus par les organes se modifie sensiblement. Il en sort plus d'acide carbonique qu'il n'y entre d'oxygène. Le rapport $\frac{CO^2}{O^2}$ devient ainsi plus grand que l'unité.

Ici encore il y a concordance avec les changements que le travail imprime au quotient respiratoire. L'excès d'acide carbonique sortant d'un muscle en activité explique pourquoi le quotient respiratoire augmente, c'est-à-dire comment l'on voit diminuer alors la différence existant entre l'oxygène absorbé et l'acide carbonique rendu dans l'acte de la respiration. Mais il reste à expliquer pourquoi l'acide carbonique devient si abondant dans le sang du muscle en travail. Le processus anaérobie se substituerait-il au processus aérobie pour opérer la dislocation des albuminoïdes en état de résorption? Mais cette interprétation se heurte à nombre d'arguments qui y sont contraires. Par exemple, étant donné que l'état d'activité du muscle n'est pas essentiellement différent de l'état de repos, qu'entre le repos complet et l'activité poussée à l'extrême, il existe une foule d'états intermédiaires, peut-on attribuer au chimisme musculaire, pendant le travail, des caractères spéciaux, tout à fait distincts de ceux qui appartiennent au chimisme musculaire de l'état de repos? Il y a là des difficultés. Mais il serait oiseux de les envisager avant d'être fixé complètement sur leur existence réelle ou sur leur nature. Attendons donc les nouveaux renseignements que nous chercherons à obtenir.

Mais on voit bien, en tout cas, que notre incertitude, au sujet de cette partie du chimisme intraorganique, ne nous permet pas d'en tirer des indications certaines sur la valeur absolue de l'énergie mise en mouvement dans le travail physiologique.

B. **La chaleur produite par le chimisme transformateur de l'énergie pendant l'inanition.** — C'est là la vraie mesure de l'énergie, celle à laquelle il faut toujours revenir lorsqu'on tient à connaître exactement la valeur du travail physiologique. Le chimisme d'où il procède s'accomplit dans des conditions telles, qu'il ne peut exister aucun doute sur la nature des manifestations qui en résultent, au point de vue de la thermogénèse. Ces manifestations sont exclusivement *exothermiques*. Il n'en peut être autrement si, comme nous avons cherché à l'établir, elles sont toutes provoquées par des combustions complètes ou incomplètes, types des réactions chimiques qui dégagent de la chaleur.

Il ne se produit jamais, chez l'animal en état d'abstinence, de réactions *endothermiques* capables de masquer plus ou moins les réactions exothermiques ; ou bien, s'il en survient, c'est avec accompagnement d'un contre-phénomène qui les annihile. Ainsi en est-il du fait de la transformation — possible — de la glycose sanguine en matière glycogène, après sa transsudation hors des capillaires et son incorporation au tissu musculaire. La transformation se faisant par déshydration, il en résulterait une absorption de chaleur. Cela est absolument incontestable. Mais le phénomène ne peut introduire aucun trouble dans les manifestations thermiques qu'entraîne la mise en activité de l'ensemble des propriétés vitales des tissus chez l'animal soumis au jeûne. En effet, la déshydratation donne à la nouvelle substance un plus grand pouvoir thermogène. Alors l'attaque de cette substance par l'oxygène, dans les réactions chimiques liées au travail musculaire, produirait plus de chaleur que si l'attaque était dirigée sur la glycose. Donc, l'énergie calorique *absorbée* par le potentiel-glycose, au moment de sa déshydratation, serait entièrement et immédiatement *restituée :* on retrouverait cette énergie dans la chaleur sensible produite par la consommation ou l'oxydation du potentiel-glycogène ; il y aurait ainsi compensation. Du reste, il n'est pas sûr que la transformation de la glycose sanguine en glycogène musculaire s'opère jamais chez les sujets arrivés à une certaine période de l'inanition, celle que nous visons plus particulièrement dans cette étude.

Un autre exemple se trouve dans les phases intermédiaires de la transformation des matières azotées qui alimentent les sources du potentiel. Quand l'albumine s'oxyde incomplètement, pour faire de la graisse, il y a absorption de chaleur par le nouveau produit. Mais cette chaleur est nécessairement restituée lorsque la graisse s'oxydant à son tour, en un ou plusieurs temps, fait de l'eau et de l'acide carbonique. En ne tenant compte que de l'état initial et de l'état final, suivant le principe de Berthelot, les réactions chimiques qui se passent dans la circonstance aboutissent toutes à l'exothermie.

En résumé, l'analyse à laquelle nous venons de

nous livrer justifie les affirmations de notre exposition préliminaire. Chez les sujets en état de jeûne, la thermogénèse, appréciée par les méthodes calorimétriques, donne très certainement la mesure exacte de l'énergie qui est consacrée à l'ensemble du travail physiologique. Ajoutons que les données relatives, empruntées à l'étude même du chimisme qui libère cette énergie, sont généralement en concordance avec les indications calorimétriques. Toutefois, il faut compter avec les discordances que certaines influences introduisent dans le quotient respiratoire. Ces influences agissent de telle manière que l'oxygène absorbé ou l'acide carbonique exhalé peuvent ne pas être rigoureusement proportionnels à l'intensité de la thermogénèse, c'est-à-dire à l'activité du travail physiologique.

III.— Les meilleures conditions à rechercher pour l'étude typique du mouvement de l'énergie chez le sujet en état d'abstinence prolongée.

Tout ce qui vient d'être dit s'applique à l'état d'inanition considéré d'une manière générale. Mais cet état peut avoir une durée très prolongée, pendant laquelle la perte de poids des sujets s'accroît chaque jour. Cela n'est-il pas de nature à influer sur les phénomènes de la consommation et de la reconstitution du potentiel énergétique qui est la source de la vie ? Ces phénomènes conservent-ils les mêmes caractères et la même activité ? Les organes qui en sont le siège continuent-ils à demander leur principe d'action aux mêmes réservoirs d'énergie ? D'autres questions viennent encore à la pensée. Il n'est pas nécessaire de s'y arrêter en ce moment. Nous ne touchons à ce point, en effet, que pour avoir l'occasion d'examiner dans quelles conditions le sujet d'études représente le mieux l'état typique auquel doivent être rapportés et comparés tous les autres.

Il nous semble que ce sujet doit être pris au moment où tous les apports alimentaires, antérieurement introduits par le tube digestif, sont passés dans la trame même du milieu animal et ne demandent plus aucune intervention énergétique spéciale pour leur incorporation définitive. C'est alors que l'état typique commence. Ce moment arrive peut-être moins de vingt-quatre heures après le dernier repas : mettons quarante-huit heures, ce sera plus sûr. La date varie sans doute avec l'espèce, la taille, le régime habituel. Un certain critère renseigne assez bien quand on a affaire aux sujets herbivores : ce sont les changements si connus qui surviennent dans la composition de l'urine, dont les caractères la rapprochent alors de celle des carnivores. On peut aussi se guider sur la température rectale. Le jeûne la fait toujours baisser au début. Puis la baisse s'arrête ou plutôt se continue d'une manière très peu sensible, chez les espèces de grande taille, pour reprendre enfin et se précipiter avec une grande rapidité dans les dernières phases de l'expérience.

C'est pendant la période où la température du corps reste à peu près stationnaire, surtout au début, que se place le moment qui répond le mieux aux conditions cherchées. L'état d'inanition est alors réellement typique et le plus favorable aux déterminations fondamentales de l'énergétique physiologique. Au moins cela est-il vrai pour les grands mammifères très vigoureux, en bon état d'embonpoint au moment où l'expérience commence. Chez ces animaux, il y a grande chance pour que, pendant toute la durée de la période favorable, même à la fin, les choses se passent comme au début de cette période. L'ensemble du travail physiologique continue, en effet, à s'effectuer toujours de la même manière, en s'accompagnant de la même consommation et de la même reconstitution du potentiel chimique auquel les tissus empruntent le principe de leur activité. Néanmoins c'est à la première partie de cette période qu'il convient de demander les documents typiques qui doivent servir de bases pour les comparaisons. Par exemple, le choix de ce moment s'impose quand on veut étudier les modifications, si intéressantes et si instructives, que le travail musculaire introduit dans la consommation de l'énergie, chez le sujet non alimenté.

Des influences perturbatrices peuvent troubler les résultats des expériences ; il faut s'appliquer à écarter ces influences : les variations de la température extérieure, la sensation de la soif, la distribution inégale et irrégulière des boissons administrées pour faire cesser cette sensation, etc. Tout cela peut être évité. Il n'y a que les différences d'impressionnabilité à la sensation de la faim qui restent comme seule difficulté inéluctable des expériences. Mais les sujets, par leur attitude, témoignent eux-mêmes de leur degré d'impressionnabilité, et appellent ainsi l'attention sur les particularités qui peuvent en résulter, dans les courbes du mouvement énergétique, pendant la période favorable de l'abstinence.

Les courbes typiques obtenues, nous y rapporterons toutes les autres, toutes celles qui représentent l'influence des diverses conditions supposées capables de modifier les manifestations de l'énergie : citons le temps écoulé depuis le commencement de l'inanition, l'espèce, la taille ou le volume des sujets, la température ambiante, la tonte, le vernissage, le travail musculaire comparé à l'état de repos, le régime alimentaire, etc. Nous ne manquerons pas, en étudiant ces diverses influences, de rechercher si elles agissent suivant un mode uniforme ou des modes variés, dans l'utilisation du potentiel. Il est bon de savoir, par exemple, si les deux sources de ce potentiel, les graisses et les albuminoïdes, sont exploitées dans tous les cas de la même manière.

C'est la dernière de ces influences, le régime alimentaire, qui, au point de vue général, nous intéresse le plus. Elle appelle une étude préparatoire, qui complétera celle que nous a inspirée la condition typique des sujets soumis à l'inanition.

TROISIÈME PARTIE

LE RÔLE DE L'ALIMENTATION DANS LES PHÉNOMÈNES ÉNERGÉTIQUES LIÉS A L'EXERCICE DU TRAVAIL PHYSIOLOGIQUE.

Préparés comme nous l'avons été par nos discussions antérieures, sur le mécanisme intime des phénomènes énergétiques liés à l'exercice du travail physiologique, nous pouvons aborder maintenant l'étude générale du rôle de l'alimentation. C'est un sujet d'une vaste étendue. Comme il faut nous limiter, nous nous bornerons à esquisser à grands traits les principes d'après lesquels est réglé le mode d'intervention des aliments, dans le renouvellement de la matière et de la force chez l'animal vivant.

I. — Indifférence du régime alimentaire habituel à l'égard de la constitution du type énergétique représenté par le sujet en état d'abstinence prolongée. Unité absolue du type avec toutes les espèces herbivores, omnivores, carnivores.

Comme introduction à cette étude générale de l'influence de l'alimentation sur les manifestations énergétiques du milieu animal, il importe de placer ici une courte dissertation sur les effets de l'abstinence envisagés comparativement chez les animaux herbivores, les animaux omnivores, les animaux carnivores.

A priori, le raisonnement nous conduit à admettre que la condition de l'abstinence implique nécessairement l'uniformité absolue des effets qu'elle produit, dans toutes les espèces animales, quel que soit leur régime alimentaire habituel. Il n'y a plus alors à distinguer entre les carnivores, les omnivores et les herbivores ; tous ces animaux consomment exactement de la même manière l'énergie dont ils disposent ; tous la reconstituent par les mêmes procédés. C'est que le substratum du potentiel est chez tous exactement le même. La composition matérielle de l'organisme se montre, en effet, tout à fait indépendante du régime alimentaire. Que l'animal reçoive une alimentation exclusivement végétale, ou mixte, ou exclusivement animale, il n'en résulte aucune différence, digne d'être notée, dans la constitution anatomique et chimique des tissus organiques. Ceux du cheval, de l'homme ou du porc, du chat, par exemple, se ressemblent tout à fait. Or des *tissus identiques*, faisant du *travail identique*, mettent nécessairement en œuvre des *quantités identiques*, d'énergie : herbivores, omnivores, carnivores, c'est alors *tout un*.

Affirmons donc sans hésitation que l'état d'inanition, plaçant les herbivores, les omnivores et les carnivores dans les mêmes conditions simples, au point de vue de la production du travail physiologique, les transformations énergétiques connexes doivent s'effectuer toutes de la même manière; et alors, si toutes autres choses sont égales d'ailleurs, il en résulte la *même* production de chaleur, la *même* dépense de potentiel, la *même* activité dans les échanges respiratoires, la *même* composition des excreta urinaires. Peut-on se refuser à voir, dans ce rapprochement, une démonstration péremptoire de la nécessité qui s'impose d'étudier les lois fondamentales du métabolisme énergétique chez les sujets soumis à l'inanition? Celle-ci, en créant l'*uniformité* des conditions dans le milieu animal, crée aussi du même coup l'*unité* des principes qui dirigent les manifestations physiologiques de l'énergie.

V. — Permanence du chimisme de l'état typique (inanition) chez les sujets alimentés. — L'alimentation ne change rien aux manifestations énergétiques de cet état typique; elle se borne à y ajouter celles qui lui sont propres.

Comment, au point de vue énergétique, considérer le cas d'un animal qui prend des aliments? Nous l'avons expliqué. On dit généralement que l'animal en état d'inanition *vit sur sa propre substance :* il se consomme lui-même, parce qu'il ne reçoit plus, par les aliments, les matériaux nécessaires aux combustions organiques. Nous disons, nous, que cette condition n'est pas particulière à l'état d'inanition; c'est la condition normale de l'animal: *il vit toujours sur sa propre substance,* même quand il est alimenté. La digestion a seulement pour but et pour résultat de remplacer *cette substance* à mesure qu'elle se brûle.

Voilà notre point de vue. C'est la permanence des manifestations physiologiques de l'énergie, telles qu'elles se produisent pendant l'abstinence. Il s'y ajoute seulement, quand l'animal s'alimente, les phénomènes particuliers attachés à l'introduction et à l'assimilation des matériaux alimentaires. Implicitement ou explicitement, ce point de vue a déjà été introduit en physiologie, et cependant on n'y est point encore habitué. Il semble étrange à beaucoup de bons esprits. On ne pourrait pourtant citer aucun fait qui y soit opposé, et tout plaide en sa faveur. Ce qui serait extraordinaire, au contraire, c'est que les actes les plus importants de l'organisme, ceux qui constituent l'essence même de la vie, s'exécutassent tantôt par un procédé, tantôt par un autre.

Montrons d'abord que la théorie qui admet la permanence et l'uniformité des procédés, comme celles des actes, dans les manifestations de l'énergie, chez les sujets à jeun et chez ceux qui sont alimentés, s'adapte exactement aux faits et les explique très clairement.

Un animal qui digère, absorbe et assimile des aliments, avons-nous dit, est un sujet chez lequel se passent toutes les transformations énergétiques qu'entraîne l'ensemble du travail physiologique dans l'état de jeûne; plus celles qui sont provoquées par le travail physiologique spécial de la digestion, de l'absorption, de l'assimilation; *plus les transformations qui dépendent purement et simplement des métamorphoses chimiques subies par les principes alimentaires, soit dans le tube digestif, soit dans le sang, soit dans l'intimité des tissus, qui en tirent les éléments réparateurs dont ils ont besoin.*

Ainsi, la *chaleur* produite par un animal en état de digestion est celle du même sujet en état de jeûne, mais augmentée de la *chaleur* résultant du travail physiologique de la digestion et de l'assimilation; de plus il s'y joint la *chaleur* développée par les métamorphoses alimentaires : cette dernière représentant sans doute une résultante, car les actions chimiques qui opèrent ces métamorphoses sont probablement les unes exothermiques, les autres endothermiques.

De même de la quantité d'*oxygène* fourni par la respiration. Il en faut faire une première part pour la combustion du potentiel commun, consommé dans l'ensemble du travail physiologique commun aux deux conditions que l'on compare (inanition, alimentation); puis une seconde part, pour les combustions additionnelles en rapport avec le travail physiologique supplémentaire qu'entraîne l'alimentation; sûrement encore une troisième part, entrant dans les groupements moléculaires nouveaux subis par les principes nutritifs des aliments en devenant assimilables, car tous ces nouveaux groupements ne peuvent pas se passer du concours de l'oxygène.

De même encore pour l'*acide carbonique* excrété. Il y en a une première partie, en provenance des métamorphoses chimiques communes aux deux états (inanition, alimentation); une deuxième partie, de même ordre que la première, résultant de la consommation d'énergie qu'exige le travail digestif et assimilateur; enfin une troisième partie qui est engendrée dans les dislocations nécessaires à la préparation des principes réparateurs que l'alimentation fait pénétrer dans l'organisme.

De même enfin en est-il des excreta azotés et tout particulièrement de l'*urée*. Non seulement, on retrouve, dans l'urine des animaux alimentés, l'urée dont la formation est liée au travail nécessaire, et pour ainsi dire autonome, de la rénovation de la matière des tissus de l'organisme ; mais il y a encore, et surtout, l'*urée* résultant des dédoublements ou des oxydations que doivent subir, pour être rendues utilisables, la plus grande partie des principes quaternaires en provenance des aliments.

L'étude du mouvement énergétique, chez les sujets alimentés, n'a donc pas à poursuivre autre chose que la détermination des modifications introduites, par le chimisme propre aux transmutations alimentaires, dans les faits qui traduisent les transformations de l'énergie pendant l'abstinence. Il n'y a pas substitution de processus, mais *mélange* de manifestations énergétiques nouvelles s'*ajoutant* aux anciennes. L'art du physiologiste doit tendre à les distinguer les unes des autres.

VI. — Destination des aliments : réparation des tissus soumis à l'usure ; reconstitution des réserves de potentiel. Comment s'effectue cette reconstitution avec les principes ternaires et quaternaires qui proviennent des aliments.

Si l'on ne s'attache qu'aux points essentiels de la réparation alimentaire, il suffit de considérer ce qu'il advient *en masse* des principes immédiats *non azotés* ou *ternaires* et des principes immédiats *azotés* ou *quaternaires*. Nous ne nous préoccuperons pas autrement des particularités du régime alimentaire propre aux herbivores, aux omnivores, aux carnivores. Ce régime, quel qu'il soit, joue un rôle uniforme, qui aboutit toujours au même dénouement. La nature de l'alimentation n'exerce d'influence que sur les manifestations intercurrentes qui préparent et accompagnent ce dénouement, l'assimilation réparatrice.

Principes non azotés. — Laissons un instant de côté les mutations que les principes ternaires éprouvent dans l'appareil digestif, et prenons ces principes tels que le chimisme gastro-intestinal les a faits pour en permettre l'absorption et la pénétration dans le sang. En somme, ces principes immédiats se réduisent à deux sortes, les graisses d'une part, les sucres de l'autre : ceux-ci voués tous à l'uniformisation sous l'espèce *glycose*.

Les *graisses* , en petite quantité dans les aliments végétaux, peuvent abonder, au contraire, dans les aliments animaux. Elles ont pu se dédoubler en glycérine et acides gras, dans le tube intestinal, pour pénétrer plus facilement à l'intérieur des vaisseaux lymphatiques et sanguins. Mais, dans le sang, elles paraissent reconstituées à l'état de graisse proprement dites, plus ou moins identiques à celles qui étaient contenues dans l'alimentation.

La *glycose* est versée en abondance dans le sang des animaux herbivores, car les principes amylacés et cellulosiques, qui forment la masse principale des aliments végétaux, se transforment les uns en totalité, les autres partiellement, en hydrates de carbone solubles, aboutissant fatalement à la forme glycosique.

Quelle est la destination de ces principes ternaires? C'est justement aux hydrates de carbone, dont le sang imprègne les tissus organiques, que nous avons attribué le rôle de susbstratum immédiat de l'énergie potentielle qui est la source première de l'activité vitale. On se laisse donc entraîner facilement à *supposer* que ces substances, en provenance directe de l'alimentation, se substituent purement et simplement aux substances identiques que l'animal, en état d'inanition, fabrique ou met en circulation, pour remplacer celles qui sont incessamment consommées par l'ensemble du travail physiologique. Mais l'expérience enseigne que cette substitution supposée ne s'effectue pas en réalité ou n'a qu'une bien minime importance. Rappelons le fait fort intéressant qui permet de formuler cette proposition.

On sait que, pendant l'abstinence, même la plus prolongée, il se fabrique incessamment de la glycose dans le foie, aux dépens des réserves de graisse et des matières albuminoïdes que la résorption interstitielle enlève aux tissus. On sait aussi que l'urée est, avec la glycose, un des produits constants de l'oxydation de ces dernières substances. Or, cette opération se continue sûrement chez les sujets alimentés. En effet ceux qui sont nourris exclusivement avec des sucres, ou des substances ternaires capables de se transformer en sucre, excrètent toujours l'urée en même quantité à peu près que les sujets à l'abstinance. Ceci indique que la fabrication de cette substance, partant celle de la glycose, continue à s'effectuer dans le foie, par le dédoublement des matières protéiques provenant de la résorption interstitielle. Les sucres introduits par le tube digestif dans le sang ne paraissent donc pas pouvoir se substituer à celui que fabrique l'économie animale, puisque la production de ce dernier ne semble pas arrêtée par la présence de la glycose alimentaire.

L'importance de ce fait est très grande. Il nous arrêtera sérieusement dans nos études de détail. Nous ne pouvions que le signaler maintenant, en en déduisant la conclusion qu'il impose, au sujet du rôle qui est réservé aux substances hydrocarbonées introduites par l'alimentation dans le torrent circulatoire. On est forcé d'admettre qu'elles sont destinées à servir de potentiel de réserve, en s'emmagasinant dans l'organisme. Le sang qui les contenait en grande quantité, à une certaine période de la digestion, s'appauvrit graduellement, jusqu'à ce qu'il n'en renferme plus que la quantité moyenne des périodes de jeûne. Ces substances sortent donc des vaisseaux peu à peu et l'on sait que c'est pour accroître ou alimenter les réserves de glycogène et surtout les amas graisseux. Est-ce dans les cellules du tissu conjonctif que s'opère la métamorphose de la glycose en graisse? Est-ce dans le foie, où il est établi que la graisse se transforme facilement en glycose? N'existerait-il pas des conditions favorables à la transformation inverse? On manque de documents précis pour se prononcer *hic et nunc*. Ce qui ne saurait faire doute, c'est que la glycose, produit final des transformations qui sont subies, dans le tube digestif, par une très grande partie des matières alibiles des aliments végétaux, a pour destination principale de servir à la constitution des réserves de potentiel accumulé dans l'organisme sous forme d'amas graisseux.

Le chimisme réparateur, chez les animaux qui se nourrissent d'aliments végétaux, tient donc une grande place dans les manifestations énergétiques de la vie. Quelles modifications en résulte-t-il pour ces manifestations, c'est-à-dire la thermogénèse, l'absorption de l'oxygène, l'excrétion de l'acide carbonique et des autres résidus du métabolisme chimique? C'est-là un des plus intéressants sujets de l'étude de l'alimentation, envisagée dans ses rapports avec les lois générales des transformations de l'énergie au sein des tissus animaux. Dans le tube gastro-intestinal, les modifications moléculaires qui se produisent sous l'action des ferments digestifs propres, ou des ferments figurés peuplant le canal alimentaire, sont surtout à considérer quand elles touchent aux hydrates de carbone, qui forment la masse principale des principes réparateurs contenus dans l'alimentation végétale. Tous arrivent finalement à l'état de glycose, et c'est sous cet état que le sang les charrie dans les vaisseaux. Cette glycose devient de la graisse : nouveau processus chimique très probablement encore d'ordre fermentatif et d'où l'intervention de l'oxygène est sans doute exclue. Rien de plus facile que d'établir des formules de dédoublement, d'un caractère très vraisemblable, montrant la glycose changée en graisse, acide carbonique et eau :

$$\underbrace{13C^6H^{12}O^6}_{\text{Glycose.}} = \underbrace{C^{55}H^{104}O^6}_{\text{Oléostéaropalmitine.}} + 23CO^2 + 26H^2O$$

(D'après Henriot.)

Il y a là un processus anaérobie, dont l'équation ci-dessus donne une idée assez nette. Cette équation n'est pas une simple conception de l'esprit. Le fait chimique qu'elle exprime est mis hors de doute par un témoignage important. Ce témoignage, c'est la constatation d'une surproduction d'acide carbonique chez l'animal qui reçoit une alimentation exclusivement végétale. *L'excretum* respiratoire essentiel, l'acide carbonique, rendu dans un temps donné, peut en effet, à lui tout seul, contenir autant et même plus d'oxygène que l'animal n'en a pris à l'air inspiré. C'est là la cause de l'accroissement si notable que subit le quotient respiratoire, quand les sujets passent de l'inanition au régime alimentaire hydrocarboné.

Du reste, il existe, de la réalité du dédoublement exprimé par l'équation ci-dessus, un second témoignage fort remarquable. Si l'on compare la chaleur de formation du principe initial avec celles des produits de son dédoublement, on constate qu'il y a presque égalité entre la première et la somme des trois autres. Ce dédoublement s'annonce donc comme une réaction quasi neutre au point de vue thermique. Or cette quasi-neutralité a été parfaitement démontrée par les intéressantes constatations thermogénétiques de Laulanié. Le grand accroissement qu'éprouve l'exhalaison de l'acide carbonique, dans le cas susdit, n'est pas accompagné d'un accroissement proportionnel dans l'activité de la thermogénèse. A peine celle-ci éprouve-t-elle une légère augmentation, qui s'explique par le supplément de travail physiologique qu'entraîne le jeu des muscles ou des glandes de l'appareil digestif et des autres agents de l'assimilation.

Principes azotés. — Puisque la grande masse du corps de l'animal est formée de principes immédiats quaternaires, ces principes doivent nécessairement faire partie des éléments réparateurs fournis par l'alimentation, quel que soit, du reste, le fonds du régime alimentaire. Ainsi, quand, sous l'influence de l'abstinence, les masses musculaires d'un herbivore, un cheval par exemple, ont plus ou moins fondu, tant par la diminution du nombre des faisceaux primitifs que par leur atténuation, l'animal remis à son régime, purement végétal, récupère bientôt tout ce qu'il avait perdu du côté de ses muscles ; et cela, parce que son alimentation lui en fournit les moyens. Nous savons, du reste, que ce n'est pas là un cas accidentel. L'étude des excreta azotés, dans les diverses conditions représentées par l'état d'abstinence ou d'alimentation exclusivement hydrocarbonée, nous a appris que la résorption des principes albuminoïdes de l'organisme est un fait permanent, incessant. Naturellement leur restitution doit être également incessante. Mais cette restitution n'exige qu'une quantité relativement peu importante de principes azotés alimentaires. Celle qui existe dans les aliments communément donnés aux herbivores y suffit et au delà. Elle dépasse généralement la quantité nécessaire pour pourvoir à la réparation des tissus résorbés ou des épithéliums exfoliés.

Mais c'est dans l'alimentation des carnivores que cet excédent se fait surtout remarquer. Un chien nourri exclusivement à la viande maigre ne prend, comme principes hydrocarbonés, que des quantités très faibles de graisse et de glycogène. La presque totalité de la masse alimentaire est formée de principes azotés, de myosine particulièrement. Que devient la partie qui n'est pas employée au travail de réparation organique ? C'est elle qui est chargée de la création des réserves de potentiel. Dans le cas d'alimentation végétale, ces réserves viennent des hydrates de carbone qui se transforment en graisse. Dans le cas d'alimentation animale, elles viennent de principes albuminoïdes, qui se changent également en graisse. C'est toujours sous cette forme que s'opère l'emmagasinement du potentiel fourni par l'alimentation.

Comment s'opère la transformation? On sait que, dans le tube gastro-intestinal, les fermentations digestives amènent les principes albuminoïdes des aliments à l'état de peptones diverses, que l'absorption introduit dans le système vasculaire, où elles n'ont qu'une existence très éphémère. Sous quel état ces principes albuminoïdes sont-ils conduits par le système porte à la glande hépatique? Il est assez difficile de le dire exactement. Mais on sait bien que c'est dans cette glande encore qu'on est autorisé à placer le principal siège de la fabrication des réserves de potentiel, au moyen d'une partie de ces matières protéiques fournie par les aliments — celle qui n'est pas immédiatement employée à la réparation des tissus. Est-ce encore là une opération de dédoublement simple, où l'énergie qui intervient n'est pas de source aérobie? Il est certain que la dislocation de la molécule albuminoïde se comprend très bien sans le concours de l'oxygène. On peut établir de diverses manières les équations hypothétiques d'après lesquelles les substances albuminoïdes se changeraient, d'une part, en urée et acide carbonique, matières usées destinées à l'élimination, d'autre part, en principes nutritifs ternaires, graisses et hydrates de carbone : ces derniers devenant à leur tour des graisses par le mode chimique indiqué tout à l'heure. Mais les faits expérimentaux démontrent que le processus anaérobie n'a probablement qu'un rôle insignifiant à jouer dans cette circonstance. Les excellentes déterminations de Laulanié (thermogénèse et échanges respiratoires enregistrés simultanément), dont il a déjà été question tout à l'heure, prouvent que l'absorption de l'oxygène augmente parallèlement avec l'exhalaison de l'acide carbonique et la production de la chaleur, chez les carnivores qui passent de l'abstinence à leur régime normal, l'alimentation à la viande; en sorte que leur quotient respiratoire ne se modifie point ou s'élève à peine, différant en cela d'une manière capitale de celui des sujets qui passent de l'inanition à l'alimentation exclusivement hydrocarbonée.

Des deux parts qu'il faut faire des *principes azotés* de l'alimentation carnivore, l'une, celle qui sert à la réparation des tissus incessamment résorbés, est à la fois la plus faible et la plus constante : elle modifie sans doute sa quotité avec l'activité des tissus qui travaillent et qui s'usent en travaillant ; mais la plus grosse part reste toujours celle qui se transforme en potentiel de réserve. Elle a d'autant plus d'importance que les aliments azotés sont pris en plus grande quantité. Tous les témoins de l'activité énergétique, chaleur produite, oxygène absorbé, acide carbonique exhalé, s'entendent merveilleusement pour proclamer la proportionnalité exacte de ce mouvement énergétique avec la masse de matière à transformer. Il s'y joint nécessairement une surproduction uréique en rapport également avec cette dernière.

Avec cette manière de comprendre l'utilisation immédiate des principes quaternaires fournis à l'animal par l'alimentation, il ne saurait plus planer aucune obscurité sur l'interprétation des modifications que le régime azoté introduit dans les manifestations du métabolisme énergétique. La fabrication du potentiel-graisse explique toutes ces manifestations, aussi bien que celles qui dépendent de l'alimentation hydrocarbonée. Entre les deux cas, il n'y a que la différence dont nous avons tiré un si précieux renseignement relativement au mécanisme de cette fabrication : ici, les indications, à peu près rigoureusement parallèles, de tous les témoins du mouvement énergétique, démontrent que les dédoublements intra-hépatiques, ou autres, des matériaux de réserve ne se font qu'avec l'intervention d'un surcroît d'absorption d'oxygène et de dépense énergétique ; là l'accroissement *isolé* des proportions du témoin

« *acide carbonique* » prouve que les dédoublements de ces matériaux de réserve sont des actes purement anaérobiens, qui ne mettent pas en dépense d'énergie les organules élémentaires au sein desquels ils s'accomplissent.

VII. — Ce qu'ils faut penser des substitutions de potentiel, au point de vue des principes de l'énergétique physiologique.

La question des substitutions alimentaires n'est soulevée ici que pour nous procurer l'occasion d'examiner un dernier point qui se rattache à notre étude générale.

Dans quelles limites ces substitutions peuvent-elles se produire? Ces limites semblent très élastiques. Ne voit-on pas, en certains cas, le régime animal se substituer au régime végétal, et, inversement, ce dernier prendre la place du premier, sans que le jeu des fonctions en soit troublé sensiblement? On est frappé aussi de la facilité avec laquelle se font les substitutions, dans le régime végétal, entre les innombrables aliments qui contiennent sous les formes les plus variées les divers principes nutritifs : substances protéiques, sucres, amidon, cellulose, graisses.

Toutes ces substitutions-là s'effectuent dans le tube digestif. Elles soulèvent une question bien délicate et fort importante, dont l'étude a sa place marquée dans notre programme : à savoir si elles exercent de l'influence sur la *qualité* des produits réparateurs que l'alimentation fournit au sang et aux tissus? Pour le moment, nous avons à faire remarquer surtout que ces principes restent toujours les mêmes, et en mêmes quantités respectivement proportionnelles, dans tous les cas. Quel qu'il soit et quel que soit son régime, l'animal à sang chaud conserve la plus grande uniformité dans la composition fondamentale de ses organes et de ses humeurs nutritives. Le sang, réservoir commun de toutes les matières ayant un rôle à jouer, dans les transformations énergétiques qui sont la source de la vie, contient constamment les mêmes principes ternaires, hydrates de carbone ou graisses, les mêmes principes albuminoïdes, les mêmes gaz, etc., chez le carnivore, l'herbivore, l'omnivore, chez le sujet qui est à l'inanition, comme chez celui qui est alimenté, chez l'oiseau et chez le mammifère, etc. Donc les substitutions alimentaires n'exercent aucune influence appréciable sur la constitution du sang, sur sa teneur en principes nutritifs essentiels. Ceux-ci se conservent toujours dans leur immuabilité. Elle se présente ainsi comme le but et l'aboutissant forcé du travail digestif et du travail assimilateur, s'exerçant sur les apports extérieurs.

Mais ces principes nutritifs essentiels, considérés dans leur milieu, c'est-à-dire dans le sang lui-même, peuvent-ils se substituer les uns aux autres? Cela paraît plus que problématique. Chacun d'eux semble avoir son rôle à jouer. En tout cas, il y a, dans le maintien, la constance de la composition du fluide nourricier, une preuve extraordinairement probante en faveur de la *nécessité* de chacune des substances fondamentales que ce fluide contient, pour l'entretien régulier de la vie, pour les transformations énergétiques qu'exige cet entretien. C'est de ce point de vue que nous aurons à envisager, dans nos développements ultérieurs, ce que l'on a appelé les *substitutions isodynames.*

Toutefois il est un sujet, relatif à cette question

des substitutions, qui doit être examiné immédiatement, parce qu'il touche aux principes mêmes que nous adoptons comme base de notre étude. On a cherché à établir que des substances ternaires, étrangères à la constitution normale du sang et des tissus, peuvent se substituer à celles de l'organisme et jouer, comme ces dernières, le rôle de potentiel énergétique, après avoir été introduites directement dans le torrent circulatoire. Il s'agit surtout de corps appartenant à la catégorie des acides gras : acide lactique (Zuntz et V. Mering); acide butyrique (Münck); acide acétique (Mallèvre). Si ce fait était bien établi, nous aurions quelque peine à l'adapter à notre conception générale du mouvement énergétique; en effet, nous doutons même que les principes normaux, fournis au sang par l'alimentation, aient l'aptitude à jouer *directement* le rôle de substratum de l'énergie potentielle immédiatement utilisée par les tissus qui travaillent. Mais a-t-il été vraiment démontré que les corps en question se substituent, en tout ou en partie, aux hydrates de carbone imprégnant les tissus, dans le rôle que ces substances jouent comme potentiel énergétique? Ces acides gras interviennent-ils dans les combustions qui développent la force vive nécessaire à la production du travail physiologique? Ce qui fait croire à la substitution, c'est que ces acides, injectés dans les vaisseaux, disparaissent du sang sans être éliminés par les urines, et que l'absorption de l'oxygène se modifie peu ou même ne subit point d'atteinte. On en conclut que ces corps ternaires ont été brûlés *à la place* de l'hydrate de carbone qui est le combustible normal.

Mais, pour qu'une telle conclusion fût inattaquable, il faudrait qu'à côté d'elle il n'y eût place pour aucune autre. On ne saurait, en effet, prouver directement — et pour cause — que le corps *substituant* s'oxyde immédiatement dans le sang d'une manière complète pour y faire de la chaleur, prélude d'une transformation de l'énergie en travail physiologique. D'autres interprétations se recommandent par des caractères de probabilité au moins équivalente. Pourquoi, par exemple, ces acides gras ne subiraient-ils pas, avec ou sans le concours de l'oxygène, des modifications qui amèneraient une partie de leurs éléments à l'état de graisses, comme cela arrive avec les hydrates de carbone introduits dans le sang par l'alimentation? La distance qui sépare la molécule de l'acide gras de la molécule d'hydrate de carbone n'est pas si grande! Et il est tout aussi logique d'admettre que l'une se substitue à l'autre, dans le rôle de potentiel de réserve, que dans celui de potentiel immédiatement utilisé pour les combustions d'où procède directement le travail physiologique. On ne pourrait citer aucun des résultats acquis dans les expériences qui puisse être opposé à cette interprétation.

Serait-elle inexacte, qu'on ne serait pas embarrassé pour en trouver une autre, qui ferait rentrer les faits dans la loi commune : à savoir que, dans l'économie animale, il n'y a que les principes immédiats normaux, *imprégnant* les tissus de l'organisme, qui puissent jouer le rôle de potentiel énergétique, préposé à la mise en jeu de l'activité fonctionnelle de ces tissus. Les substances qui se brûlent directement dans l'organisme, sans avoir passé par cet état, ne sont pas des aliments, mais des éléments étrangers condamnés à l'élimination. L'oxydation en rend l'expulsion plus facile, purement et simplement.

Ce n'est certainement pas le cas des acides gras dont nous nous occupons. Mais avant de se prononcer définitivement sur ce cas, il importe d'avoir en sa possession un complément d'informations, portant surtout sur l'activité de la thermogénèse et la comparaison de cette activité avec celle des échanges respiratoires : il n'y a pas de circonstances où le concours de la calorimétrie soit plus impérieusement réclamé.

En somme, ce coup d'œil donné aux conditions de l'animal alimenté confirme, dans ce qu'ils ont d'essentiel, les principes sur lesquels l'examen du sujet non alimenté nous a appris qu'il convient de faire reposer l'étude de l'énergie consacrée à la mise en activité des appareils fonctionnels, c'est-à-dire au travail physiologique.

A. Il y a bien deux sortes de travaux physiologiques à distinguer nettement l'une de l'autre :

1° Le travail spécialisé que les tissus actifs exécutent en vertu de leurs propriétés physiologiques spéciales.

2° Le travail commun, indépendant, autonome, qui préside à la rénovation incessante et nécessaire de la matière de ces tissus.

B. Ces deux sortes de travaux se continuent pendant l'inanition : donc ce n'est pas dans l'alimentation qu'ils puisent directement l'énergie qui les provoquent.

La source de l'énergie consommée par le travail physiologique réside dans la matière même du corps de l'animal, c'est-à-dire : d'une part, les réserves d'hydrates de carbone et de graisse qui imprégnent les tissus ; d'autre part, les matières albuminoïdes qui en forment la base.

L'ensemble des travaux physiologiques proprement dits, ceux de la première sorte, est lié à la combustion des réserves ternaires de l'économie.

C'est l'oxydation des albuminoïdes qui préside aux travaux de la seconde espèce, c'est-à-dire au renouvellement de la matière : oxydation incomplète, comprenant dans ses produits des substances ternaires, capables de servir à leur tour de potentiel énergétique immédiat, pour l'accomplissement du travail physiologique proprement dit.

C. L'alimentation a pour but de remplacer, d'une part, la matière que l'histolyse rénovatrice fait perdre incessamment aux tissus ; d'autre part, les réserves ternaires, sources du potentiel commun utilisé par le travail physiologique proprement dit.

D. Les métamorphoses chimiques qui président à la digestion et à l'assimilation des éléments réparateurs fournis par l'alimentation demandent une étude spéciale. Elles n'ont rien de commun avec celles qui président à la création de la force vive d'où procède le travail physiologique et doivent en être soigneusement distinguées.

Ces dernières, origine des manifestations énergétiques dépendant des travaux biologiques, se décomposent en deux catégories :

1° Celles qui ressortissent à la fonction propre du renouvellement de la matière : désintégration, réparation; histolyse, histopoïèse ;

2° Celles qui tiennent à l'ensemble du travail physiologique proprement dit, qu'il faut poursuivre sous toutes ses formes, les plus cachées comme les plus apparentes, si l'on veut se renseigner exactement sur tous les caractères de la consommation énergétique.

E. Les manifestations énergétiques liées à ce travail, perte de potentiel, absorption d'oxygène, excrétion ou réutilisation des produits de combustion complète ou incomplète, production de chaleur, avec ou sans travail extérieur mécanique, se montrent alors, jusque dans les moindres détails, en concordance absolument parfaite.

Il est inutile de pousser plus loin ce résumé. Tous les autres principes que nous avons passés en revue se déduisent aisément de ceux que nous venons de rappeler.

Addendum. — La théorie de l'alimentation et de la ration alimentaire, d'après les données physiologiques produites dans la présente étude.

Après avoir exposé, *pour eux-mêmes*, c'est-à-dire au point de vue de la physiologie pure, les principes directeurs de l'étude de l'alimentation dans ses rapports avec l'énergétique biologique, nous avons le devoir de montrer, en quelques lignes, comment ces principes doivent être présentés au point de vue des applications à l'hygiène et à la zootechnie.

Toutes ces applications s'inspirent de quelques-uns des faits physiologiques fondamentaux qui viennent d'être étudiés dans leurs grandes lignes. Rappelons ces faits sous la forme qui convient le mieux à l'objet spécial que nous visons maintenant :

1° *L'animal vit toujours sur sa propre substance, c'est-à-dire que le travail physiologique qu'il accomplit s'exécute toujours avec l'énergie fournie par le potentiel qui est déjà incorporé aux tissus de l'organisme.*

2° *La conséquence de cette première proposition, c'est que les pertes en matières non azotées et en ma-*

tières azotées, qu'éprouvent les sujets à l'abstinence, donnent la mesure des quantités absolues d'éléments ternaires et quaternaires qui conviennent à la constitution de la ration d'entretien.

3° *Il n'existe aucun lien nécessaire entre les besoins de l'organisme en matières ternaires et ses besoins en matières quaternaires. Chaque catégorie d'aliments a sa destination particulière. Les substances quaternaires entretiennent les agents du travail physiologique, qui sont en état de rénovation perpétuelle. Les substances ternaires fournissent à l'organisme les matériaux nécessaires à la reconstitution du potentiel que ces agents transforment pour exécuter leur travail.*

4° *La consommation des albuminoïdes, que les tissus perdent pour préluder à leur rénovation, n'est pas seulement un phénomène permanent; c'est encore un acte d'une singulière constance. Il varie quelque peu d'un individu à un autre, surtout avec l'état pathologique. Mais le phénomène est fort peu influencé par le plus ou moins d'activité du travail physiologique.*

5° *Au contraire, la consommation des matières ternaires, sources du potentiel qui alimente le travail physiologique, suit ce travail dans ses variations d'activité et peut atteindre ainsi une valeur considérable.*

Voilà les principes physiologiques d'après lesquels doit être dirigée l'étude de l'alimentation. Nous les devons tous aux recherches de science pure des physiologistes. Elles seront exposées longuement dans nos études de détail. Ce sera, pour nous, l'occasion de rendre pleine et entière justice aux premiers pionniers, aux initiateurs.

Presque toutes ces recherches expérimentales ont été exécutées sur le sujet alimenté. Celles qui feront la base de nos démonstrations porteront surtout sur notre sujet de prédilection, l'animal soumis au jeûne. On verra alors à quel point cette condition, modifiée passagèrement par telle ou telle autre, rend les expériences particulièrement démonstratives.

Pour le moment, nous n'avons qu'à donner quelques explications complémentaires, sur la signification des principes ci-dessus exposés comme base de la théorie de l'alimentation.

D'après le premier de ces principes, ce n'est pas ce que l'on mange *actuellement* qui fournit l'énergie employée aux travaux physiologiques de l'organisme, mais bien le potentiel fabriqué avec ce que l'on a mangé *antérieurement*. La sagesse des nations s'est-elle donc trompée, quand elle a dit, à peu près dans toutes les langues, que « si le ventre est plein, les reins sont forts »? Non, sans doute. Ce proverbe continue toujours à exprimer au moins une vérité relative. Mais il n'est pas vrai au sens où on se l'imagine le plus généralement. Après un bon repas, en effet, les forces ne reviennent pas, chez le travailleur fatigué, parce que les aliments du repas qui vient d'être pris servent de suite aux travaux physiologiques de l'organisme. A peine ces aliments sont-ils introduits dans l'estomac que la vigueur se ranime. Ils n'ont pu cependant être encore absorbés. Bien plus les aliments n'ont pas encore achevé de subir les métamorphoses qui les préparent à cette absorption. Notre réconfort a donc une autre cause que cette absorption. Il vient de la satisfaction d'un besoin plus ou moins impérieux. Une sensation agréable s'est substituée dans l'estomac à une sensation pénible : par l'effet ou d'un réflexe d'un acte de diffusion nerveuse, l'économie tout entière est mise en état de se déclarer satisfaite.

On se trompe donc souvent lorsqu'on attribue certaines qualités d'endurance, chez l'homme et les animaux, à ce que ceux qui possèdent ces qualités sont moins exigeants que les autres sur le chapitre de la nourriture. Elles dépendent surtout de l'aptitude à supporter le jeûne, complet ou partiel, pendant les périodes de travail. Ce n'est guère là qu'une sobriété relative, un simple ajournement de la production, au moyen des aliments, des réserves graisseuses où se puise l'énergie employée par le travail musculaire. Chez tous les sujets, sans exception, celui-ci a sa source dans l'alimentation antérieure, plutôt que dans l'alimentation actuelle. Mais tous ne sont pas également bien disposés à utiliser leurs réserves quand ils ont l'estomac vide. Les endurants travaillent alors plus facilement que les autres, parce qu'ils ne sont pas déprimés par une sensation débilitante, qui accapare l'attention du système nerveux et le rend plus ou moins incapable d'intervenir pour exciter, commander le travail musculaire.

L'endurance à la faim peut s'acquérir par l'habitude, par une sorte de gymnastique fonctionnelle. Il y a telle circonstance où ce dressage peut rendre des services, par exemple quand l'exploitation des animaux domestiques comme moteurs comporte l'alternance de longues périodes de repos avec de longues périodes de travail quasi indiscontinu. La suppression de toute alimentation, pendant ces dernières, a l'avantage de prévenir les troubles digestifs auxquels exposent nécessairement les exercices musculaires énergiques.

Je n'ai pas besoin d'appeler l'attention sur le rôle et l'utilité de cette endurance dans les voyages d'exploration, les campagnes militaires, etc. Ici, comme là, l'aptitude à l'endurance peut être acquise ou développée par l'entraînement.

Un autre point appelle encore quelques explications.

Nous faisons bon marché, dans nos principes fondamentaux, de la relation nutritive $\frac{M.Az.}{M.NAz.}$, à laquelle tout le monde s'attache. En effet, nous croyons que cette formule pourrait disparaître. Son emploi entraîne un inconvénient grave. Elle laisse entendre que les deux ordres de substances réunies dans le rapport qu'elle exprime sont indissolublement liées les unes aux autres, qu'elles interviennent toujours ensemble, au même titre pour ainsi dire, dans l'approvisionnement de l'économie animale en potentiel destiné à l'accomplissement des actes de la vie. De fait, combien y a-t-il d'hygiénistes, de zootechniciens, de physiologistes même, qui n'englobent pas dans la même destination générale les matières quaternaires et les matières ternaires des aliments? Combien acceptent la *spécialisation absolue* de celles-ci, comme de celles-là, dans le rôle de l'alimentation?

Une objection se présente, qu'il faut écarter immédiatement. Un carnivore, le lion par exemple, qui se nourrit exclusivement de viande fraîche, s'entretient exactement comme un herbivore, soit le cheval, qui ne s'alimente qu'avec du foin. Que devient, dans ce cas, la *spécialisation* nutritive des matières azotées et des matières non azotées? Dans sa ration, l'un des sujets ne trouve presque rien que des albuminoïdes; l'autre, presque rien que des hydrates de carbone. Or il est parfaitement établi que le renouvellement des tissus, chez le carnivore, ne diffère en rien de ce qu'il est chez l'herbivore et n'exige pas une plus forte incorporation des albuminoïdes alimentaires. Il y a donc une grande partie — la plus grande partie — de ces albuminoïdes qui ont la même destination que les matières ternaires de la ration de l'herbivore. Ceci est incontestable. Ces albuminoïdes seront consommés par le travail physiologique. Mais n'oublions pas que cette consommation ne s'opère pas directement. Les matières, quelles qu'elles soient, qui ont cette destination particulière, dans la ration des herbivores et des carnivores, commencent par se transformer en graisse. C'est le sort qui attend les albuminoïdes non employés à la réparation des tissus, tout aussi bien que les hydrates de carbone. Il en résulte qu'en réalité, après avoir été avalées, digérées, absorbées, incorporées, les deux rations si dissemblables que nous comparons se retrouvent absolument identiques au sein de l'organisme. Après l'assimilation, le rapport $\frac{M.Az.}{M.NAz.}$ a donc la plus grande chance d'avoir la même valeur dans chacune des deux rations.

Arrêtons-nous maintenant sur un troisième point. Dans la ration des herbivores, les grandes variations du prétendu rapport $\frac{M.Az.}{M.NAz.}$ tiennent presque exclusivement aux oscillations du second terme, qui peut en certains cas atteindre sept et huit fois la valeur du premier. Celui-ci, dans les conditions les plus favorables, n'est jamais supérieur au 1/3 ou même au 1/4 de celui-là. Donc les matières azotées n'occupent qu'une place relativement petite dans l'alimentation des herbivores. Elles n'en ont pas moins une importance considérable, qui n'a été méconnue par personne, pas même par ceux aux yeux desquels la partie azotée de la ration n'est guère qu'un adjuvant de la partie non azotée. On juge, en effet, généralement de la valeur d'une ration végétale d'après sa teneur en azote : ce qui ne laisse pas d'étonner un peu de la part de ceux qui ne songent pas au rôle spécial qu'ont à jouer les albuminoïdes de l'alimentation végétale.

Ce rôle, répéterons-nous, est de tout premier ordre. Il importe, en effet, au plus au degré, que les tissus soient constamment en état de bien fonctionner. Or il n'en est ainsi qu'à la condition que ces tissus soient bien entretenus dans leur forme, leurs dimensions, l'activité de leurs propriétés physiologiques.

C'est une charge qui incombe aux albuminoïdes de la ration alimentaire. Il en faut une *quantité* suffisante, pour remplacer celles que le travail de rénovation de la matière des tissus leur enlève à chaque instant.

Il est nécessaire aussi que, par leur nature ou leur *qualité*, ces albuminoïdes soient parfaitement adaptés à leur rôle. Question bien importante, sur laquelle la chimie alimentaire ne peut guère nous donner de renseignements utiles ! A peine nous éclaire-t-elle sur l'existence et l'individualité propre de telle ou telle de ces substances. Que de variétés encore mal déterminées ! Nous ne sommes même pas sûrs que l'identité existe là où elle ne semble pas contestable. Rien qu'en ce qui concerne l'albumine proprement dite, qui oserait dire qu'elle est partout semblable à elle-même : dans l'œuf, dans le sang, dans les sérosités, dans les sucs herbacés, dans les grains, etc. ? Qui prétendrait que les états moléculaires divers que peut affecter cette substance sont indifférents à l'exercice de son rôle réparateur? Des exemples nombreux prouvent combien il convient d'être réservé dans la réponse à faire à ces questions. Voyez les albuminoïdes des bouillons de culture : un rayon de soleil, un froid intense suffisent à leur enlever toute aptitude à faire végéter les microbes qui s'en nourrissent, ou à imprimer à ces microbes un mode particulier de végétation. Et cependant rien n'est changé, au moins en apparence, dans la constitution chimique des albuminoïdes desdits bouillons de culture.

De même, il n'est pas permis de préjuger l'*identité* de la *faculté réparatrice* des albuminoïdes alimentaires d'après l'identité qu'ils présentent au point de vue de leur composition chimique apparente. C'est à l'expérimentation physiologique à nous renseigner sur ce point. Elle nous a fait connaître la *digestibilité* des matières albuminoïdes : au tour maintenant de l'*assimilabilité*. J'entends par ce mot plus que la propriété d'entrer dans le torrent circulatoire pour s'y mettre au service des besoins de l'organisme. L'*assimilabilité*, au sens où je prends cette expression, veut dire la propriété de s'incorporer aux tissus pour remplacer les parties qu'enlève l'histolyse rénovatrice.

On ne saurait trop s'exagérer l'importance de ce rôle rénovateur des albuminoïdes de la ration alimentaire. La place modeste qu'ils occupent dans cette ration, à côté de la grosse masse formée par les matériaux constitutifs du potentiel de consommation courante, ne saurait, répéterons-nous, donner l'idée de cette importance. Rappelons-nous toujours que les albuminoïdes représentent, dès les premiers linéaments de la vie embryonnaire, les agents et les matériaux de la constitution de la machine animale. Ce sont ces substances qui l'entretiennent ensuite en bon état, jusqu'à la décadence que l'âge amène infailliblement. Le travail que l'on demande à cette machine s'alimente, en énergie, au potentiel ternaire, qui se dissipe et disparait complètement quand il a rempli son office. Il en est autrement de l'albuminoïde réparateur : cet élément se renouvelle, mais les tissus qu'il entretient restent. Ceci implique une conséquence pratique qu'il ne faut pas négliger. L'établissement d'une ration de production n'est pas une affaire de circonstance. Il est bon d'y avoir songé de longue date. Par exemple, la matière des organes auxquels on voudra faire produire du travail mécanique sera certainement plus apte à cette production, si l'on a fourni depuis longtemps à ces organes d'excellents éléments réparateurs. C'est là une nouvelle raison de s'attacher à la ration de la veille aussi bien qu'à celle du jour : l'économie animale profite de celle-ci plutôt pour le travail physiologique du lendemain, de celle-là plutôt pour le travail physiologique actuel.

Ces principes s'appliquent, bien entendu, à la généralité des cas d'utilisation des rations alimentaires. Mais ils trouvent surtout leur emploi dans la détermination de la ration d'entretien et de la ration de travail. C'est là que gît le grand intérêt de la question de l'alimentation de l'homme et des animaux domestiques. Quelle est la plus avantageuse à l'organisme, la plus productive et en même temps celle qui revient au meilleur prix ? En économie politique et sociale, il n'y a pas de question plus importante que ce simple problème de physiologie appliquée. Il n'en est pas, non plus, qui doive tenir une plus grande place dans les préoccupations de ceux qui ont la charge de préparer l'armée aux fatigues des campagnes que l'avenir lui réserve peut-être.

L'entretien des armées est devenu, en effet, l'un des plus graves soucis des gouvernements. Elle coûte chère, la nourriture de cette masse d'hommes et de chevaux, que toutes les contrées de notre vieille Europe sont obligées d'entretenir sous les drapeaux d'une manière permanente.

Bienvenus doivent être ceux qui essaient d'introduire quelques économies dans les dépenses de cet entretien. Mais encore faut-il savoir réaliser ces économies, sans diminuer, de la plus minime quantité, l'aptitude des gens et des bêtes à fournir la quantité de travail, la somme d'efforts, la force de résistance qu'on aura à leur demander le jour de la mobilisation générale. La préparation à laquelle l'armée de première ligne aura été soumise, du fait de son mode d'alimentation, jouera alors un grand rôle. Cette préparation est appelée, en effet, à exercer une influence marquée sur les résultats des luttes des champs de bataille. Imaginez deux armées qui se cherchent, se rencontrent et en viennent aux mains. Elles sont de forces parfaitement égales à tous les points de vue : il n'y a pas de raison alors pour que le sort des armes se prononce pour l'une plutôt qu'en faveur de l'autre. Mais on conçoit que la moindre différence qui créerait un avantage au profit de l'une d'elles lui donne la victoire. N'en est-ce pas un — et non des moins considérables — quand les hommes et les chevaux entrent en campagne, se présentent sur le champ de bataille, avec des muscles et des nerfs bien préparés à l'effort et à la résistance par l'excellence de l'alimentation antécédente, avec des réserves convenables de potentiel énergétique emprunté aux éléments de cette alimentation ?

Cherchons donc, *avant tout*, à constituer, pour l'armée, des rations capables d'assurer, aux systèmes nerveux et locomoteur, le maximum d'aptitude à faire du bon travail, au moyen du potentiel qu'ils consomment dans ce but. Au second plan de nos préoccupations, mettons le prix de revient de ce potentiel.

L'expérimentation empirique a déjà fourni et pourra fournir encore des renseignements importants sur ce grave sujet. Mais combien longs et multipliés doivent être les essais comparatifs qu'exige ce mode d'investigation ! Ils seront singulièrement favorisés par les enseignements de la science pure, c'est-à-dire les connaissances que fournit l'étude du mécanisme intime des phénomènes physiologiques consommateurs de l'énergie alimentaire. Des exemples saisissants de cette heureuse intervention de la science pourraient déjà être signalés. Aussi une place importante sera-t-elle réservée, dans les travaux et l'enseignement de mon laboratoire, à la partie de l'énergétique physiologique qui traite de l'alimentation.

TABLE DES MATIÈRES

PREMIÈRE PARTIE

PRINCIPES DIRECTEURS POUR L'ÉTUDE DE L'ÉNERGIE MISE EN ŒUVRE DANS LE TRAVAIL PHYSIOLOGIQUE.

DEUXIÈME PARTIE

ANALYSE DES PHÉNOMÈNES ÉNERGÉTIQUES INTIMES LIÉS A L'EXERCICE DU TRAVAIL PHYSIOLOGIQUE.

TROISIÈME PARTIE

LE ROLE DE L'ALIMENTATION DANS LES PHÉNOMÈNES ÉNERGÉTIQUES LIÉS A L'EXERCICE DU TRAVAIL PHYSIOLOGIQUE.

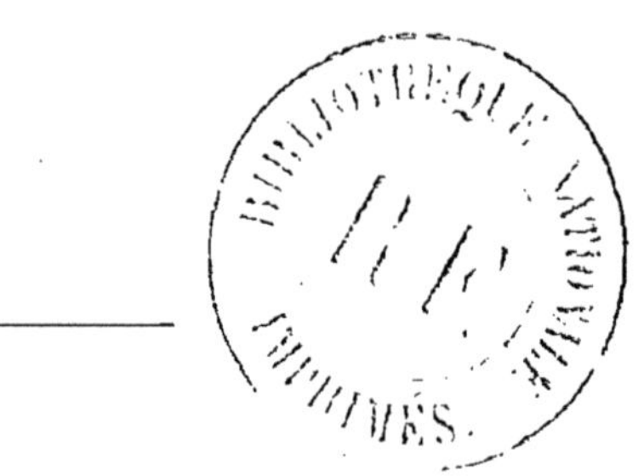

Paris. — Typ. Chamerot et Renouard, 19, rue des Saints-Pères. — 31011.

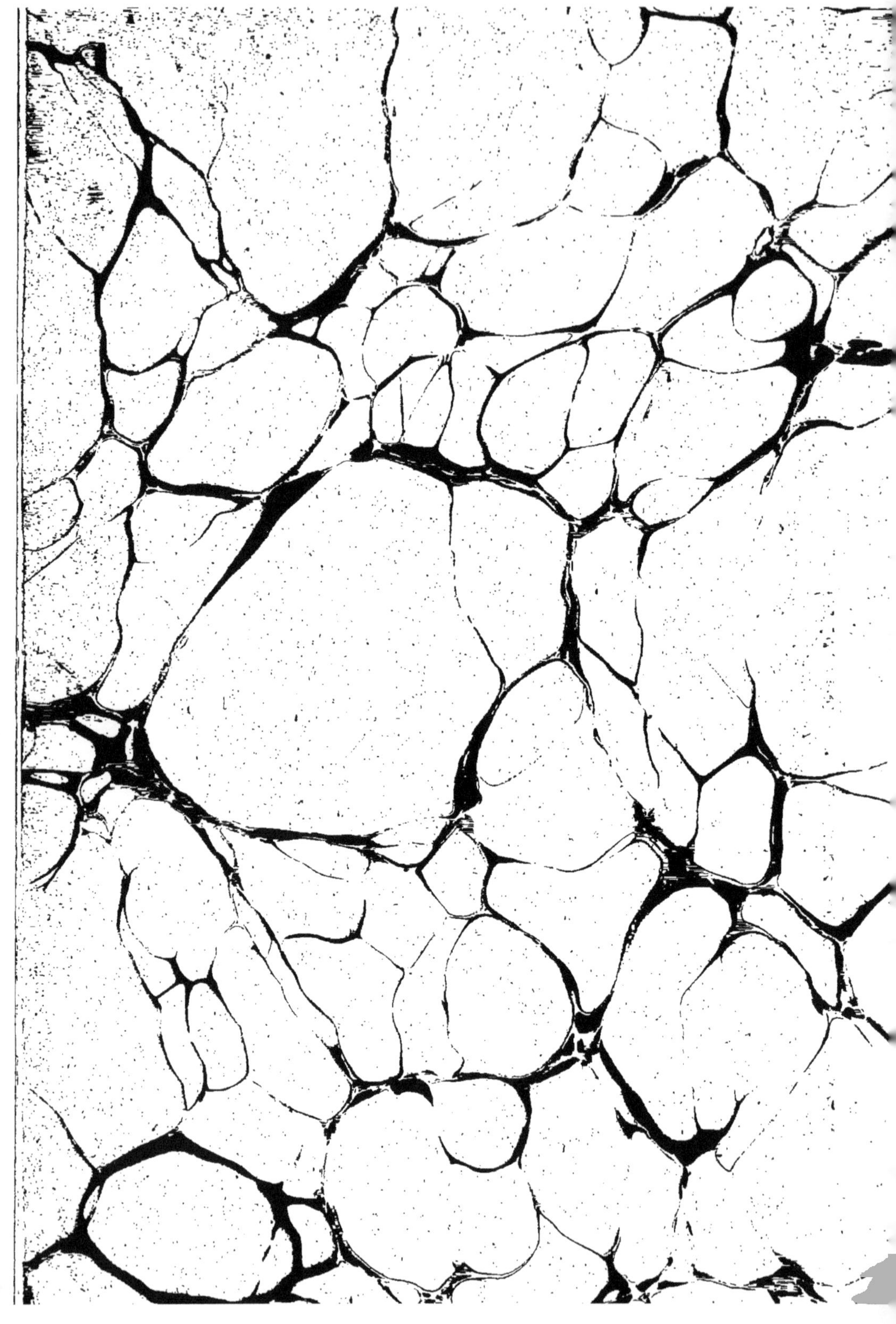

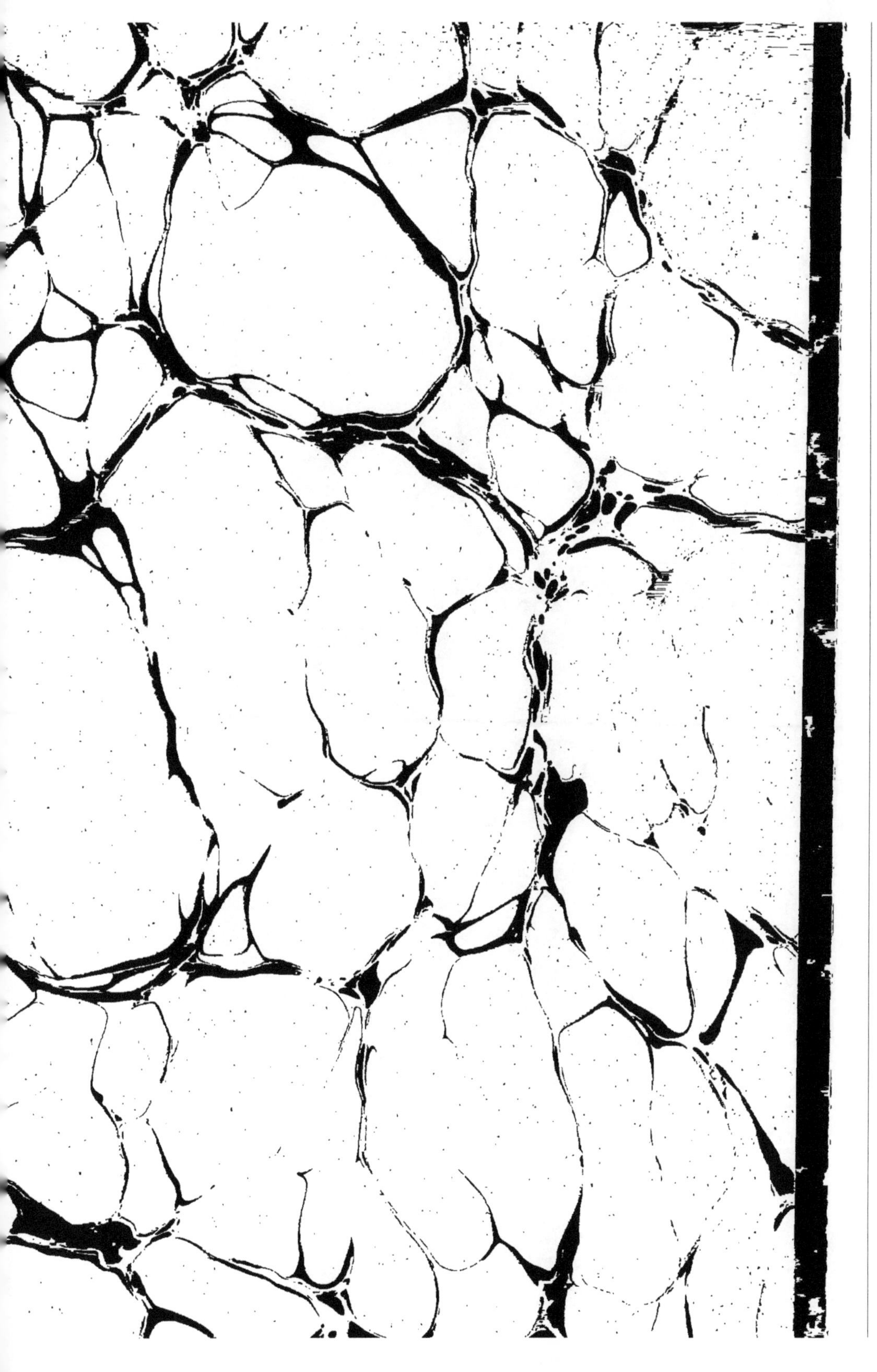

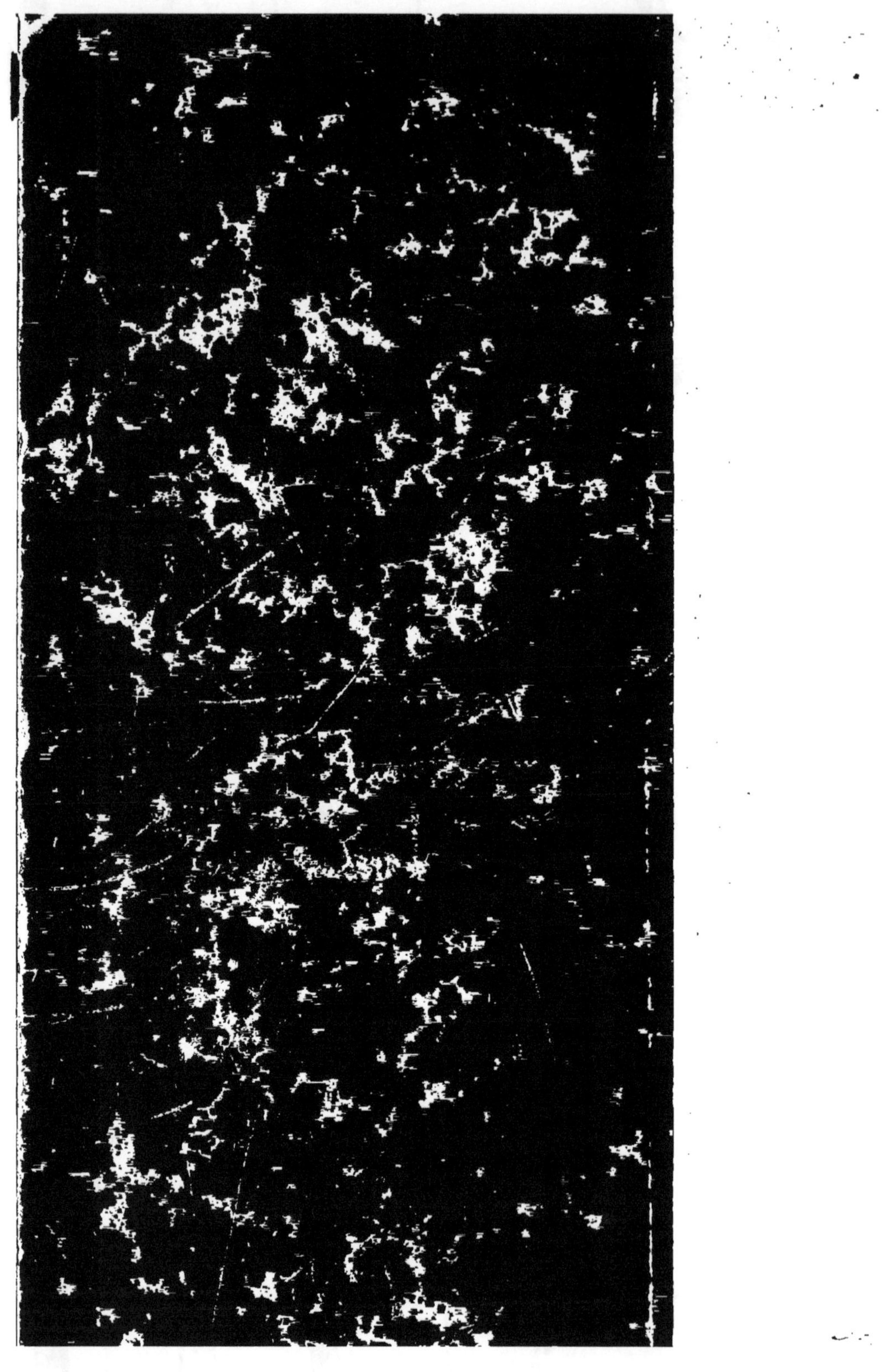

www.ingramcontent.com/pod-product-compliance
Ingram Content Group UK Ltd.
Pitfield, Milton Keynes, MK11 3LW, UK
UKHW012237240726
13966UKWH00003B/1128